PRINCIPES D'ARPENTAGE ET DE NIVELLEMENT

PRÉCÉDÉS DE

NOTIONS DE TRIGONOMÉTRIE RECTILIGNE

ET ACCOMPAGNÉS

D'UNE TABLE DE SINUS NATURELS,

À L'USAGE DES ÉCOLES PRIMAIRES SUPÉRIEURES
ET DES ÉCOLES NORMALES.

PAR J. PERGIN,

PROFESSEUR DE MATHÉMATIQUES SUPÉRIEURES AU LYCÉE DE NANCY.

QUATRIÈME ÉDITION.

Ouvrage adopté par l'Université.

NANCY, GRIMBLOT ET Ve RAYBOIS, IMP.-LIB., PLACE DU PEUPLE, 7

PARIS, LANGLOIS ET LECLERCQ, LIB., RUE DE LA HARPE, 81

1848.

PRINCIPES
D'ARPENTAGE
ET DE NIVELLEMENT

PRÉCÉDÉS DE

NOTIONS DE TRIGONOMÉTRIE RECTILIGNE

ET ACCOMPAGNÉS

D'UNE TABLE DE SINUS NATURELS.

À L'USAGE DES ÉCOLES PRIMAIRES SUPÉRIEURES
ET DES ÉCOLES NORMALES.

PAR J. PERCIN,

PROFESSEUR DE MATHÉMATIQUES SUPÉRIEURES AU LYCÉE DE NANCY.

QUATRIÈME ÉDITION.

Ouvrage adopté par l'Université.

NANCY,
GRIMBLOT ET Ve RAYBOIS,
IMP.-LIB., PLACE DU PEUPLE, 7.

PARIS,
LANGLOIS ET LECLERCQ,
LIB. RUE DE LA HARPE, 81.

1848.

Tout exemplaire de cet ouvrage doit être revêtu de la signature de l'auteur.

NANCY, IMPRIMERIE DE VEUVE RAYBOIS.

Ce petit traité d'arpentage ne diffère de celui qui accompagnait les trois premières éditions de la Géométrie simplifiée, que par quelques additions qui ont principalement rapport au nivellement. Il renferme, sur ces matières, tout ce qui peut faire l'objet de l'enseignement dans les écoles normales, dans les écoles primaires supérieures, et dans les écoles d'adultes.

Les notions de trigonométrie qui précèdent l'arpentage suffisent à la résolution numérique des triangles, soit qu'on fasse usage de la table de sinus naturels, placée à la fin de l'ouvrage, soit qu'on emploie les tables logarithmiques de Lalande.

N. B. Les chiffres entre crochets [ ], indiquent les numéros auxquels il faut recourir. Ceux qui sont précédés de la lettre G, renvoient à la Géométrie simplifiée.

NOTIONS

DE TRIGONOMÉTRIE.

PRINCIPES ET DÉFINITIONS.

1. La *trigonométrie* enseigne à *résoudre les triangles par le calcul*, c'est-à-dire qu'elle montre les moyens de calculer les parties inconnues d'un triangle quand on a suffisamment de données. Ainsi, elle apprend à résoudre *numériquement*, les problèmes des nos 156, 159, 164 et 166, dont la géométrie ne donne que la *solution graphique;* solution souvent insuffisante, à cause de l'imperfection des instruments employés.

Les côtés et les angles des triangles doivent donc être exprimés en nombres.

2. On exprime facilement les côtés en nombres; pour cela, on les compare à une unité de longueur, telle que le mètre.

3. Les mesures numériques des angles sont remplacées par celles des arcs [G. 85] ; et pour mesurer les arcs on se sert du *degré* [G. 86], qui est la 360e partie de la circonférence. Ainsi, par exemple, un angle de 48 degrés, est celui qui a pour mesure un arc contenant $\frac{48}{360}$ de circonférence.

Le degré se divise en 60 *minutes*, la minute en 60 *secondes*.

Pour désigner les degrés, minutes, secondes, on emploie les signes °, ', ''. Ainsi, 13° 24' 8'', exprime 13 degrés 24 minutes 8 secondes.

L'angle droit vaut donc 90°.

4. Le *complément d'un arc* est ce qu'il faut lui ajouter pour faire 90°; ainsi 37° est le complément de 53° et réciproquement.

5. Le *supplément d'un arc*, est ce qu'il faut lui ajouter pour faire une demi-circonférence ou 180°, ainsi le supplément de 120°, est de 60°.

6. Il n'existe pas de relations simples et directes entre les côtés et les angles d'un triangle. Mais il y en a entre les côtés et certaines droites, liées aux arcs et par suite aux angles, de telle manière que quand les arcs sont connus, ces droites sont aussi connues. Ces droites sont ce qu'on appelle *les lignes trigonométriques des arcs ou des angles correspondants*, et parmi elles nous considérerons, outre la corde, les suivantes.

7. Le *sinus d'un arc*, est la perpendiculaire abaissée d'une des extrémités de l'arc, sur le diamètre qui passe par l'autre extrémité.

Ainsi MP est le sinus de l'arc AM.

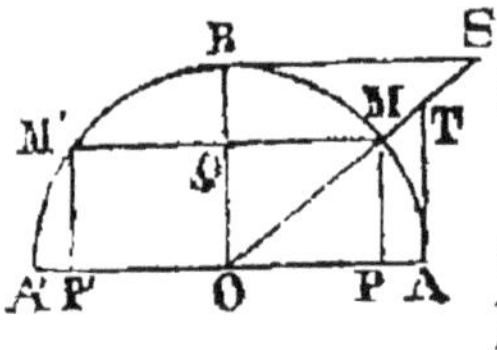

8. le *cosinus d'un arc*, est le sinus du complément de cet arc.

Ainsi le cosinus de AM, n'est autre que MQ, qui est le sinus de l'arc MB.

On a donc, $\cos a = \sin(90° - a)$, et de même $\sin a = \cos(90° - a)$.

* *La tangente d'un arc* AM, est la tangente AT, menée à l'une des extrémités de cet arc, jusqu'à la rencontre du rayon, OM, prolongé, et mené par l'autre extrémité. La ligne OT se nomme la *sécante de l'arc* AM.

* *La colangente d'un arc*, AM, est la tangente, BS, de son complément, BM. La ligne OS, qui est la sécante de ce complément se nomme *la cosécante de l'arc* AM.

9. Remarquons que *le cosinus* MQ, *d'un arc* AM, *est aussi égal à* OP, *ou à la distance du centre au pied du sinus.*

10. Si on mène MM′ parallèle au diamètre AA′, on aura *l'arc* AM=*arc* A′M′ [G. 127], et ABM′ aura pour supplément AM=A′M′; or, M′P′, sinus de ABM′, est égal à MP qui est le sinus de AM. Ainsi *deux arcs supplémentaires ont des sinus égaux.* Leurs cosinus OP, OP′ sont aussi égaux, mais dirigés en sens opposés.

11. On est convenu de distinguer ces cosinus OP, OP′, dirigés en sens contraires, par les signes algébriques + et —, c'est-à-dire, de regarder l'un comme *positif et l'autre comme négatif*; ainsi on aura par exemple, $cos 60° = +m = m$, tandis que $cos 120° = -m$.

On verra, plus loin, quelle signification il faut attacher dans le calcul aux cosinus négatifs.

* On convient en général de regarder comme négatives les lignes qui sont comptées dans le sens opposé des lignes, de la même espèce, considérées comme positives. Ainsi la tangente d'un arc compris entre 90° et 180°, qui est dirigée dans le sens opposé à AT, est négative. Il en est de même de la cotangente.

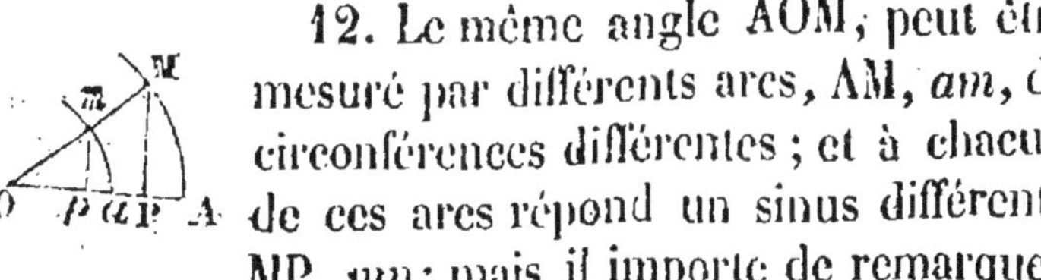

12. Le même angle AOM, peut être mesuré par différents arcs, AM, *am*, de circonférences différentes; et à chacun de ces arcs répond un sinus différent, MP, *mp*; mais il importe de remarquer qu'il y a un rapport constant entre chacun de ces sinus

et le rayon de la circonférence correspondante ; car les triangles semblables MOP, mOp, donnent la proportion MP : MO : : mp : mO.

Or, si on prend le rayon pour unité, le rapport du sinus au rayon est la valeur même de ce sinus [G. 25]; donc la valeur du sinus d'un angle est constante, quelle que soit la longueur du rayon, quand on le prend pour unité.

On appelle *sinus naturel d'un angle* cette valeur constante du sinus, évalué en prenant le rayon pour unité.

Nous ne ferons usage d'abord que des sinus et cosinus naturels.

THÉORÈME.

13. *Le sinus d'un arc est égal à la moitié de la corde qui sous-tend l'arc double.*

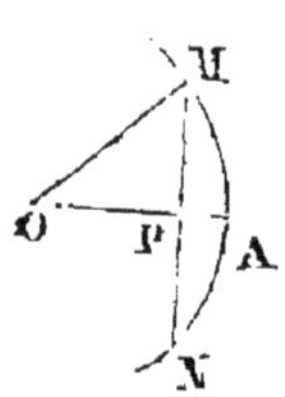

Car, en prolongeant le sinus MP, jusqu'à sa rencontre N, avec la demi-circonférence inférieure, le rayon OA, perpendiculaire à la corde MN, divise cette corde et l'arc MAN, en parties égales,

Donc MP$=\frac{1}{2}$ MN ; ce qu'il fallait démontrer.

14. COROLLAIRE. Il en résulte : 1° que le sinus de 45° vaut la moitié de la corde de 90°, qui est égale [G. 213] à $\sqrt{2}$; ainsi $sin 45° = \frac{1}{2}\sqrt{2}$.

2° Le sinus de 30° vaut la moitié de la corde de 60°, qui est le rayon [G. 215], ou 1 ; ainsi $sin 30° = \frac{1}{2}$.

En général, quand on connaîtra le côté d'un polygone régulier inscrit, en en prenant la moitié, on aura le sinus de la moitié de l'arc sous-tendu par ce côté.

Ainsi on pourrait par là calculer les sinus de plusieurs arcs, savoir de 60°, 30°, 15°, 7° 30′, etc., 90°, 45°, 22° 30′ etc., 18°, 9°, 4° 30′, etc.

15. PROBLÈME. *Connaissant le sinus d'un arc, trouver le cosinus de ce même arc et réciproquement.*

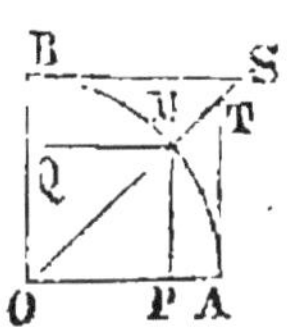

Désignons par a l'arc AM : on aura dans le triangle rectangle MPO [G. 266], $\overline{MP}^2+\overline{PO}^2=\overline{MO}^2$, ou $sin^2 a+cos^2 a=1$.

On en tire, $cos\ a=\sqrt{1-sin^2 a}$,

et, $sin\ a=\sqrt{1-cos^2 a}$.

Supposons, par exemple, $a=30°$, on a $sin 30°=\frac{1}{2}$, et on tire $cos 30°=\sqrt{1-(\frac{1}{2})^2}=\sqrt{\frac{3}{4}}=\frac{1}{2}\sqrt{3}$.

16. PROBLÈME. *Connaissant le sinus et le cosinus d'un arc, a, trouver la tangente et la cotangente de cet arc.*

1° Les triangles, OPM, OAT, qui sont semblables donnent la proportion,

OP : OA : : PM : AT, ou $cos\ a : 1 :: sin\ a : tang\ a$;

d'où on tire la valeur de *tang a*.

2° Les triangles semblables OQM, OBS, donnent

OQ : OB : : QM : BS, ou $sin\ a : 1 :: cos\ a : cot\ a$;

d'où on tire la valeur de *cot a*.

REMARQUE. On tire aussi la valeur de la sécante et la valeur de la cosécante par la comparaison des mêmes triangles.

* CONSTRUCTION DES TABLES DE SINUS NATURELS.

Occupons-nous seulement de calculer les sinus des arcs, de minute en minute. La méthode pourra s'étendre facilement à d'autres cas.

17. PROBLÈME. *Trouver la valeur approchée du sinus de 1′ et celle de son cosinus.*

Remarquons d'abord que, pour un arc MA$=a$, moindre qu'un quadrant, on a,

$$sin\ a<a<tang\ a;$$

c'est-à-dire que la valeur de l'arc est comprise entre celle du sinus et celle de la tangente, pourvu qu'on les suppose calculées toutes les trois avec la même unité, le rayon.

En effet, 1° on a $corde < arc$,

ou (13) $2\sin a < 2a$, et $\sin a < a$.

2° Le triangle OAT étant plus grand que le secteur OAM, on aura entre leurs mesures la relation, $AT \times \frac{1}{2}OA > arc AM \times \frac{1}{2}OA$

d'où $AT > arc AM$, ou $tang\ a > a$.

Maintenant, si on fait attention que la demi-circonférence contient 10800′, on aura, en évaluant la minute et la demi-circonférence, avec le rayon pris comme unité :

$$10800' = \pi = 3{,}14159265 35\ldots$$

et $$1' = 0{,}00029088820\ldots.$$

On conclut de là que :

$$\sin 1' < 0{,}00029088821$$

$$tang\ 1' > 0{,}00029088820$$

et $$\cos 1' > 0{,}999999957692\,;$$

cette limite de $\cos 1'$ a été calculée par la formule $\cos 1' = \sqrt{1 - \sin^2 1'}$, en y substituant la valeur précédente de $\sin 1'$, valeur qui, étant trop grande, donne un résultat trop faible.

Mais, de la proportion [16] $\cos 1' : 1 :: \sin 1' : tang\ 1'$, on tire, $\sin 1' = tang\ 1' \times \cos 1'$;

donc $\sin 1' > 0{,}00029088820 \times 0{,}99999995$

ou $\sin 1' > 0{,}0002908881$.

Ainsi, en prenant 0,0002908882 pour le $\sin 1'$, on ne commettra pas une erreur d'une unité décimale du 10e ordre.

On peut voir aussi, que la valeur de $\cos 1'$, trouvée plus haut, savoir :

$$0{,}9999999957692 = 1 - 0{,}000000042308,$$

n'est pas trop faible d'une unité du dernier ordre.

18. PROBLÈME. *Connaissant les sinus de deux arcs,* a, a—b, *et le cosinus de leur différence*, b, *trouver le sinus de* a+b.

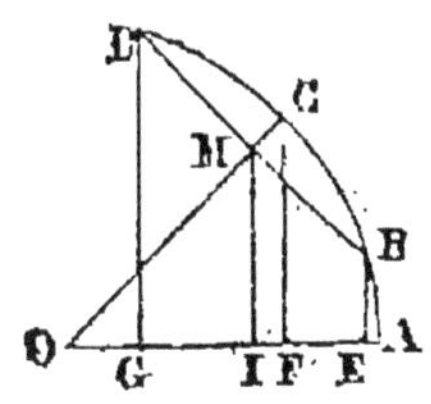

Soit a=l'arc AC, b=BC=CD; et par conséquent $a-b$=AB, $a+b$=AD.

Tirant BD, qui rencontre OC en M; abaissant sur OA les perpendiculaires BE, CF, MI, DG, on aura $\sin(a-b)$=BE, $\sin a$=CF, $\sin(a+b)$=DG, $\cos b$=OM.

On a aussi, dans le trapèze DBEG, DG+BE=2MI, or, les triangles semblables COF, MOI, donnent CO : MO : : CF : MI, ou $1 : \cos b : : \sin a$: MI, d'où on tire, MI=$\sin a \cdot \cos b$; si dans la relation, DG+BE=2MI, on met à la place de chaque ligne sa valeur, il vient :

$$\sin(a+b)+\sin(a-b)=2\sin a \cdot \cos b,$$

formule qui résout la question proposée (*).

19. COROLLAIRE. Supposant $b=1'$, la formule devient,

$$\sin(a+1')=2\sin a \cdot \cos 1'-\sin(a-1'),$$

et donnant à l'arc a, successivement les valeurs, 1', 2', 3', etc., on trouve :

$$\sin 2'=2\sin 1'\cos 1'$$
$$\sin 3'=2\sin 2'\cos 1'-\sin 1'$$
$$\sin 4'=2\sin 3'\cos 1'-\sin 2'$$

etc...

formules avec lesquelles on pourra calculer successivement les valeurs de $\sin 2'$, $\sin 3'$ $\sin 4'$, etc. jusqu'à $\sin 90°$, en partant des valeurs déjà connues de $\sin 1'$ et $\cos 1'$.

(*) On trouverait aussi sans difficulté, par la même figure, la formule

$$\cos(a+b)+\cos(a-b)=2\cos a \cdot \cos b,$$

qui du reste se déduit de la précédente en y remplaçant a par son complément.

La seule opération pénible que supposent ces formules est la multiplication de *sin a* par *cos* 1′; mais cette opération peut être simplifiée. En effet, remarquons que la valeur de *cos*1′, qui est 0,9999999557692, équivaut à 1—0,0000000442308; donc,

$$2\,sin\,a\cdot cos1' = 2sin\,a - 0{,}0000000442308\times2\times sin\,a.$$

La multiplication qui reste à faire devient facile, puisque le multiplicande constant, 442308×2, ou 884616, est réduit à 5 chiffres significatifs. Si on fait d'avance les produits de ce nombre par 1, 2, 3......9, toutes les multiplications se réduiront à des additions.

20. Remarque. Il ne faudrait pas compter sur l'exactitude des dernières décimales, dans les résultats obtenus par ces différents calculs. Pour savoir combien il y en a d'exactes, on calcule directement [14] les sinus de certains arcs, et on voit jusqu'à quel point ils sont d'accord avec ceux que donne la méthode précédente.

(*Voyez, à la fin de l'ouvrage la table des sinus et la manière de s'en servir.*)

PRINCIPES SUR LES TRIANGLES.

THÉORÈME.

21. *Les côtés d'un triangle sont entre eux comme les sinus des angles opposés.*

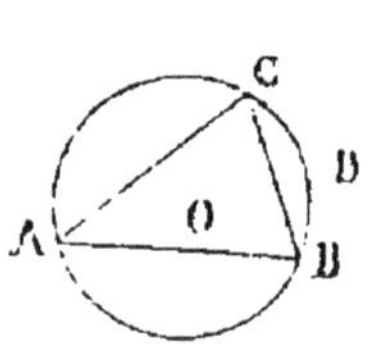

Soit ABC un triangle, dont nous désignerons les angles par A, B, C, et les côtés opposés par *a*, *b*, *c*; circonscrivons à ce triangle un cercle, et supposons que le rayon de ce cercle soit pris pour unité [11].

L'arc BDC étant le double de celui qui mesure [G. 132] l'angle A, la corde BC est double [18] de *sin*A et $sin\,A=\frac{1}{2}BC=\frac{1}{2}a$; de même $sin\,B=\frac{1}{2}b$, et $sin\,C=\frac{1}{2}c$;

on a donc évidemment :

$$a : b :: sin\,A : sin\,B, \quad a : c :: sin\,A : sin\,C;$$

ou $$a : sin\,A :: b : sin\,B :: c : sin\,C,$$

ce qui suppose les côtés a, b, c, ainsi que les sinus, évalués avec la même unité, le rayon. Or, si les côtés étaient évalués avec une unité différente, par exemple en mètres, leurs rapports ne seraient pas altérés; donc les proportions précédentes subsisteraient toujours.

22. Corollaire. Dans un triangle ABC, rectangle en A, on a $sin A = sin 90^\circ = 1$; la proportion $a : b :: sin A : sin B$, devient donc $a : b :: 1 : sin B$, et donne $b = a\,sin B$; or B étant le complément de C, on a [8] $sin B = cos C$, et on trouve

$$b = a \cdot sin B = a \cdot cos C.$$

Ainsi, *un côté d'un triangle rectangle est égal à l'hypoténuse, multipliée par le sinus de l'angle opposé, ou par le cosinus de l'angle adjacent à ce côté.*

23. Corollaire. Dans le triangle rectangle ABC, on a aussi $b : c :: sin B : sin C :: cos\,C : sin\,C$, mais on a trouvé [16] $cos\,C : sin\,C :: 1 : tang\,C$; donc on aura, $b : c :: 1 : tang C$; ou $c = b\ tang C$; c'est-à-dire *qu'un côté de l'angle droit est égal à l'autre côté multiplié par la tangente de l'angle opposé au premier côté.*

THÉORÈME.

24. *Dans un triangle quelconque* ABC, *le quarré d'un côté est égal à la somme des quarrés de deux autres côtés, moins deux fois le produit de ces deux autres côtés, multiplié par le cosinus de l'angle qu'ils comprennent.*

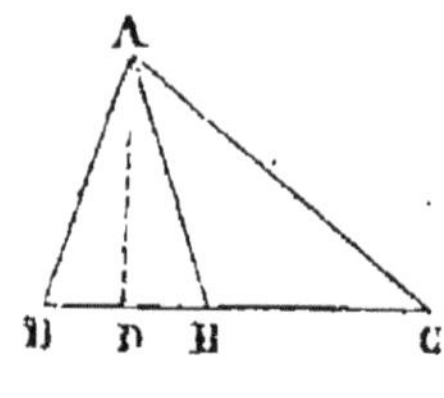

C'est-à-dire qu'on a
$$c^2=a^2+b^2-2ab\cdot\cos C.$$

En effet, 1° si l'angle C est aigu, on a trouvé [G. 290]
$$\overline{AB}^2=\overline{AC}^2+\overline{BC}^2-2BC\times CD,$$
ou
$$c^2=a^2+b^2-2a\times CD\,;$$
or, dans le triangle rectangle ADC, on a [22], $CD=AC\times\cos C=b\cdot\cos C$; mettant à la place de CD, cette valeur, dans celle de c^2, on trouve,
$$c^2=a^2+b^2-2ab\cdot\cos C.$$

2° Quand l'angle C est obtus, on a trouvé [G. 291]
$$\overline{AB}^2=\overline{AC}^2+\overline{BC}^2+2BC\times CD\,;$$
ou
$$c^2=a^2+b^2+2a\times CD\,;$$
or, dans le triangle rectangle ADC, on a [22]
$$CD=AC\times\cos ACD=b\cdot\cos(180°-C)\,;$$
mettant donc à la place de CD cette valeur dans celle de c^2, on trouve,
$$c^2=a^2+b^2+2ab\cdot\cos(180°-C).$$

Telle serait la formule qui conviendrait au cas où l'angle C est obtus. Mais si l'on considère que [11] $\cos C=-\cos(180°-C)$, on pourra convenir que
$$-2ab\cdot\cos C=+2ab\cdot\cos(180°-C),$$
et la formule $c^2=a^2+b^2-2ab\cdot\cos C$ s'appliquera encore au cas où l'angle C est obtus, parce qu'on saura que son cosinus étant alors négatif, la soustraction indiquée par, $-2ab\cdot\cos C$, se réduit à l'addition de $2ab\cdot\cos(180°-C)$.

23. Corollaire. Si on ajoute, et qu'on retranche $2ab$, à la valeur de c^2, trouvée plus haut, elle devient
$$c^2=a^2+b^2+2ab-2ab-2ab\cdot\cos C,$$
ou
$$c^2=(a+b)^2-2ab(1+\cos C).$$

Dans cette formule, quand $\cos C$ sera négatif, il faudra bien faire attention que
$$1+\cos C=1-\cos(180°-C).$$

C'est-à-dire que l'addition de $cos C$ revient à soustraire le cosinus de son supplément.

26. Remarque. Quand l'angle C est droit, on a $cos C = o$, et on trouve la relation connue, $c^2 = a^2 + b^2$.

RÉSOLUTION DES TRIANGLES.

1er CAS.

27. *Connaissant un côté*, a, *et deux angles d'un triangle, trouver les autres parties.*

On cherche d'abord le troisième angle en retranchant de 180° la somme des angles donnés ; puis on pose les proportions [21],

$$\sin A : \sin B :: a : b, \quad \sin A : \sin C :: a : c.$$

dans lesquelles les trois premiers termes sont connus, puis qu'on peut trouver dans les tables de trigonométrie les sinus des angles A, B, C; ainsi ces proportions font connaître les quatrièmes termes b et c.

2e CAS.

28. *Connaissant deux côtés* a *et* b, *et l'angle* A, *opposé à l'un deux*, a ; *trouver les deux autres angles et le troisième côté* c.

La proportion, $a : b :: \sin A : \sin B$, donne

$$\sin B = \frac{b \cdot \sin A}{a}.$$

Quand cette valeur de $\sin B$ est calculée, on peut trouver l'angle B dans la table ; on a ensuite, $C = 180° - (A + B)$, puis on cherche c par la proportion $\sin A : \sin C :: a : c$.

Mais il est nécessaire de donner quelques explications sur cette solution.

Remarquons d'abord qu'à $\sin B$ répondent deux angles supplémentaires [10], dont l'un est par conséquent aigu, l'autre obtus. Or, en se reportant à la solution géométrique du même problème [G. 166], on voit que :

1° Quand $a>b$, il y a toujours une seule solution, quel que soit l'angle donné A ; et du reste l'angle B, qui est opposé au plus petit des deux côtés doit être aigu [G. 170].

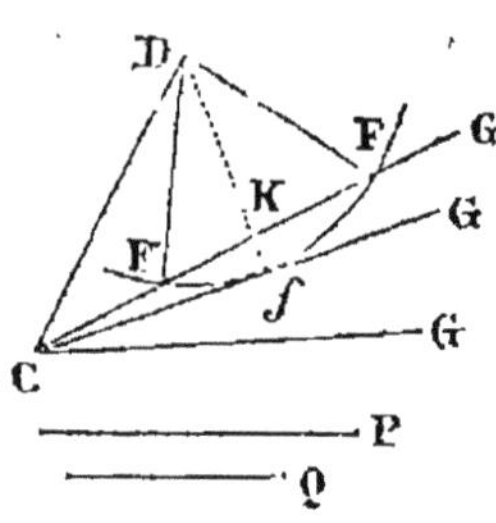

2° Quand $a<b$, le triangle demandé ne sera possible qu'autant que l'angle A sera aigu et assez petit pour que la valeur de sinB trouvée plus haut ne surpasse pas l'unité, ce qui exige que $b\,sin$A ne surpasse pas a. Si on a $b\,sin\mathrm{A}<a$, on trouvera $sin\mathrm{B}<1$; le triangle est alors possible, et admet les deux solutions correspondantes aux deux valeurs de B. Car soit DCG l'angle donné, soit DC le côté b, et DK une perpendiculaire dont la valeur sera [27] CD sinA, ou b sinA ; on a donc $\mathrm{DK}<a$, et la circonférence décrite du point D comme centre, avec a=DF pour rayon, coupera CG en deux points F, et F'. Donc les triangles DCF, DCF', répondent à la question.

3° Si l'on a $b\,sin\mathrm{A}=a$, on trouve $sin\mathrm{B}=1$; $\mathrm{B}=90°$. C'est le cas où CG est tangent à la circonférence.

3e CAS.

29. *Connaissant deux côtés* a *et* b, *et l'angle* C *compris entre ces côtés, trouver le troisième côté, et les deux autres angles.*

Dans ce cas on se sert de la relation

$$c^2=a^2+b^2-2ab\cdot cos\ \mathrm{C}\ ;$$

d'où

$$c=\sqrt{a^2+b^2-2ab\cdot cos\ \mathrm{C}},$$

ormule qui fait connaitre le côté c.

On peut ensuite déterminer l'angle A, ou l'angle B, par l'une des proportions.

$$c : a :: \sin C : \sin A\,;\quad c : b :: \sin C : \sin B,$$

en ayant soin, pour éviter toute incertitude, de chercher d'abord celui de ces angles qui est nécessairement aigu, savoir celui qui n'est pas opposé au plus grand côté.

Du reste, on a encore la relation, $A+B+C=180^\circ$, qui sert à trouver le 3e angle, ou à vérifier les opérations antérieures, quand on a trouvé ce 3e angle par la proportion.

Pour trouver le côté c, on pourrait employer la formule du nº 25, qui exige une multiplication de moins que la précédente.

4e CAS.

30. *Connaissant les trois côtés* a, b, c, *d'un triangle, trouver les angles.*

La relation, $c^2=a^2+b^2-2ab\cdot\cos C$, peut servir à déterminer $\cos.C$, et par suite l'angle C; pour cela, on ajoute d'abord aux deux membres $2ab\cdot\cos C$, ce qui donne, $c^2+2ab\cdot\cos C=a^2+b^2$, ensuite on retranche c^2, ce qui donne

$$2ab\cdot\cos C=a^2+b^2-c^2\,;$$

enfin, divisant de part et d'autre par $2ab$, on trouve :

$$\cos C=\frac{a^2+b^2-c^2}{2ab}.$$

Suivant que c^2 sera plus petit ou plus grand que a^2+b^2, $\cos C$ sera positif ou négatif, et l'angle C sera aigu ou obtus; quand $c^2=a^2+b^2$, on a $\cos C=o$, et $C=90^\circ$.

Nous avons trouvé [25], la formule

$$c^2=(a+b)^2-2ab\cdot(1+\cos C)\,;$$

faisant passer $2ab\cdot(1+\cos C)$ dans le premier membre, et c^2 dans le second, on trouve

$$2ab(1+\cos C)=(a+b)^2-c^2=(a+b+c)(a+b-c).$$

On en tire $$1+\cos C=\frac{(a+b+c)(a+b-c)}{2ab}.$$

et $$\cos C=\frac{(a+b+c)(a+b-c)}{2ab}-1\,;$$

formule qui exige deux multiplications de moins que la première.

THÉORÈME.

31. *L'aire d'un triangle est égale à la moitié du produit de deux côtés, multiplié par le sinus de l'angle compris entre ces côtés.*

En effet, l'aire du triangle ABC est égale à [G. 249] $\frac{1}{2}$ BC·AD ; or, dans le triangle rectangle ACD, on a, AD=AC·*sin*C. La mesure du triangle devient donc

$$\tfrac{1}{2}BC\cdot AC\cdot\sin C,\ \text{ou}\ \tfrac{1}{2}ab\cdot\sin C.$$

32. Remarque. Ainsi toutes les fois qu'on connaîtra, ou qu'on pourra trouver, dans un triangle, deux côtés et l'angle compris entre ces côtés, la surface de ce triangle sera déterminée ; mais quand on donne les trois côtés, on peut employer immédiatement la formule suivante, dans laquelle a, b, c, représentent les trois côtés du triangle, et p, leur demi-somme, ou le demi-périmètre.

$$\textit{Surf.}\ ABC=\sqrt{p(p-a)(p-b)(p-c)}.$$

(Voyez la démonstration de cette formule dans le complément de géométrie, n° 124.)

RÉSOLUTION DES TRIANGLES PAR LES LOGARITHMES.

33. Le calcul logarithmique pourrait à la rigueur être appliqué à toutes les formules que nous avons

données précédemment pour la résolution des triangles. Cependant il y a, pour le 3e et le 4e cas, d'autres formules qui rendent l'emploi des logarithmes plus commode, c'est-à-dire, qui permettent un nombre moins considérable de recherches dans les tables.

Disons d'abord que quand on veut faire usage des logarithmes pour la résolution des triangles, au lieu de se servir des tables de sinus naturels, on en emploie d'autres qui donnent immédiatement les logarithmes des sinus, cosinus, tangentes et cotangentes, correspondant aux différents angles; ces lignes trigonométriques sont calculées dans l'hypothèse que le rayon vaut 10^{10}, c'est-à-dire que son logarithme est 10. Il en résulte la nécessité de rétablir le rayon dans les formules, partout où il aurait dû entrer.

Les petites tables de Lalande, à 5 décimales, et calculées de minute en minute, sont plus que suffisantes dans les opérations ordinaires, et sont d'un usage plus commode que les tables à 7 décimales de Callet. Elles sont accompagnées d'une table des logarithmes des nombres depuis 1 jusqu'à 10000. Leur disposition du reste est assez claire pour que l'on comprenne facilement la manière de s'en servir. Reprenons maintenant la résolution des différents cas des triangles.

34. 1er CAS. Quand on donne un côté, a, et deux angles, on trouve d'abord le troisième angle, puis on pose les proportions

$$\sin A : \sin B :: a : b$$
$$\sin A : \sin C :: a : c;$$

Or on tire de la première,

$$\log.b = \log.a + \log.\sin B - \log.\sin A.$$

Tous les logarithmes du second membre étant faciles à trouver, on en déduit $\log.b$, qui fait ensuite trouver b; le côté c se trouve de la même manière.

35. 2e CAS. Quand on donne deux côtés, a,b, et l'angle, A opposé au premier; on pose la proportion $a : b :: sin A : sin B$, d'où on tire,

$$l.sin B = l.b + l.sin A - l.a.$$

Cette valeur de $l.sin B$ fait trouver immédiatement dans les tables, un angle moindre que 90°, quand le triangle est possible, ce qui suppose,

$$l.sin B < 10, \qquad \text{ou } sin B < R.$$

On trouve ensuite l'angle C, puis enfin le côté c par une proportion, à laquelle on applique les logarithmes comme dans le cas précédent.

Les différentes circonstances du problème résultent, du reste, de la discussion du n° 28.

3e CAS.

36. Quand on donne deux côtés a,b, et l'angle C, compris entre les côtés, le troisième côté se trouve par la formule, $c = \sqrt{a^2 + b^2 - 2ab \cdot cos C}$.

Mais pour y appliquer les logarithmes, il faudrait chercher $log.a$, le doubler et chercher le nombre correspondant à ce double pour avoir a^2; faire la même opération pour trouver b^2 et pour trouver $2ab \cdot cos C$; ensuite on ferait l'addition et la soustraction indiquées sous le radical; on chercherait le logarithme du résultat; on en prendrait la moitié pour avoir $log.c$; on trouverait enfin, dans la table des logarithmes le nombre correspondant, c. Cette manière d'opérer exige huit recherches dans les tables.

Pour trouver l'angle A, ou B, il faudrait encore se servir d'une proportion qui exigerait quatre recherches.

Nous allons indiquer un moyen qui n'exige, en tout que huit recherches.

Commençons par le cas où le triangle est rectangle. Au lieu de chercher l'hypoténuse a, par la formule $a^2=b^2+c^2$, on cherchera d'abord l'angle C par la proportion $b:c::\mathrm{R}:tang\mathrm{C}$, qui est celle du n° 23, dans laquelle le terme 1, représentant le rayon, est remplacé par R;

on aura donc $l.\ tang\mathrm{C}=l.c+10-l.b$,

d'où on déduit l'angle C.

On trouve ensuite l'hypoténuse par la proportion $sin\,\mathrm{C}:\mathrm{R}::c:a$, qui donne $l.a=l.c+10-l.\ sin\mathrm{C}$.

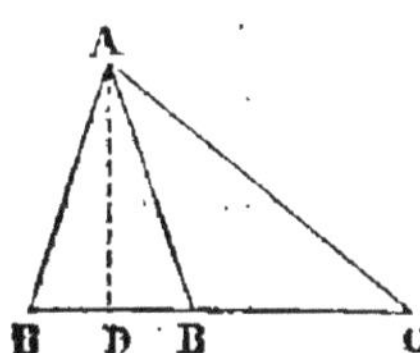

Supposons maintenant un triangle ABC, dans lequel l'angle donné, C, est aigu; la perpendiculaire AD, abaissée du point A sur BC détermine les deux triangles rectangles ACD, ABD. Le premier, dans lequel on connait l'hypoténuse AC$=b$, et l'angle C, donne [21] (en rétablissant le rayon à la place de 1)

$$\mathrm{R}:sin\,\mathrm{C}::b:\mathrm{AD};\quad \mathrm{R}:cos\,\mathrm{C}::b:\mathrm{DC};$$

on trouvera par là $log.$AD, $log.$DC; on cherchera seulement le nombre correspondant à DC, pour en déduire BD=BC—DC, ou=DC—BC.

Dans le triangle rectangle BAD, on connaitra $l.$AD et BD, et on trouvera, comme on vient de voir plus haut, l'angle B et le côté AB, ou c. L'angle A se trouve ensuite facilement. Si l'angle C était obtus, la marche serait à peu près la même.

Remarque. Il existe encore, pour le 3e cas, un autre moyen qui, sans être beaucoup plus simple, exige l'emploi d'une nouvelle formule dont la démonstration demanderait quelques détails.

4e Cas.

37. Quand on donne les trois côtés, a, b, c,

pour trouver l'angle C, nous sommes arrivés [30] à la formule

$$1+\cos C=\frac{(a+b+c)(a+b-c)}{2ab}$$

à laquelle les logarithmes s'appliqueraient assez facilement. Mais on simplifiera encore la recherche de l'angle C, quand on aura fait voir que,

$$1+\cos C=2\cos^2 \tfrac{1}{2}C.$$

Pour arriver à cette formule prenons celle du n° 18,

$$\sin(a+b)+\sin(a-b)=2\sin a \cos b$$

dans laquelle nous poserons $a+b=90°$, d'où $a-b=90°-2b, a=90°-b$; ce qui donne $\sin(a+b)=\sin 90°=1, \sin(a-b)=\cos 2b, \sin a=\cos b$; la formule devient donc $1+\cos 2b=2\cos^2 b$; remplaçons y b par $\frac{1}{2}$ C, et nous aurons la formule

$$1+\cos C=2\cos^2\tfrac{1}{2}C.$$

Ainsi la première formule devient,

$$2\cos^2\tfrac{1}{2}C=\frac{(a+b+c)(a+b-c)}{2ab}$$

d'où on tire, en divisant par 2, et extrayant la racine quarrée des deux membres,

$$\cos\tfrac{1}{2}C=\sqrt{\frac{(a+b+c)(a+b-c)}{4ab}}$$

On la simplifie encore en y introduisant le demi-périmètre, p; car on a, $a+b+c=2p$,

$$a+b-c=2p-2c=2(p-c);$$

introduisant ces valeurs dans la formule et supprimant le facteur 4, au numérateur et au dénominateur, on trouve

$$\cos\tfrac{1}{2}C=\sqrt{\frac{p(p-c)}{ab}}$$

Le rayon est supposé l'unité jusqu'à présent; pour le rétablir dans la formule, il faudra multiplier la valeur du second membre par R, ce qui revient à multiplier sous le radical par R^2; on trouve alors,

$$\cos\tfrac{1}{2}\,C=\sqrt{\frac{R^2.p\,(p-c)}{ab}},$$ ou enfin,

$$l.\cos\tfrac{1}{2}\,C=\tfrac{1}{2}\,[20+l.p+l.(p-c)-l.a-l.b].$$

On déduit de là, l'angle $\frac{1}{2}$ C, et, en doublant, l'angle C; on peut trouver un second angle, A, de la même manière, ou par la proportion $c : b :: sin\ C : sin\ A$.

Si on cherche aussi l'angle B par un de ces moyens, on devra trouver pour vérification, $A+B+C=180°$.

Remarque. Les formules indiquées dans les nos 31 et 32, pour trouver la surface d'un triangle, sont calculables par logarithmes, sans préparation.

APPLICATIONS DE LA TRIGONOMÉTRIE.

Nota. Dans les applications de la trigonométrie, on a besoin de mesurer des angles sur le terrain; pour cela on se sert ordinairement d'un instrument, nommé *graphomètre*.

Nous renverrons au traité d'arpentage, pour la description et l'usage de cet instrument.

38. Problème. *Trouver la hauteur d'un édifice*, AB, *dont le pied est accessible.*

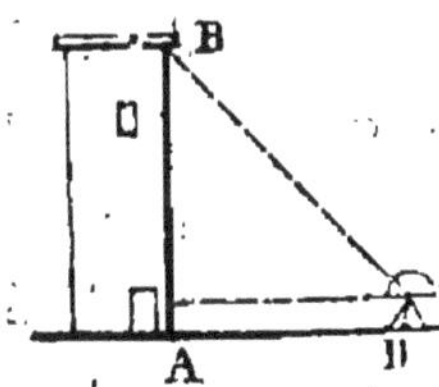

Après avoir mesuré, sur le terrain, une base AD, on place en D le *graphomètre*, avec lequel on mesure l'angle BDA; dans le triangle rectangle BAD, on connait alors un côté et deux angles A, D. On pourra donc trouver le côté BA, par la proportion,

$$R : tang\,BDA :: AD : BA \;(23).$$

39. Problème. *Trouver la distance d'un point* A, *à un point* C *inaccessible*.

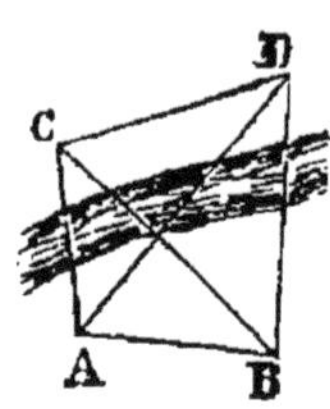

On mesure une base AB, et les deux angles A, B, du triangle ABC; on connaît alors un côté et deux angles de ce triangle; on en déduit le troisième angle, C, puis on trouve AC par la proportion

$$\sin ABC : \sin ACB :: AC : AB.$$

40. Problème. *Trouver la distance entre deux points inaccessibles* C, D.

On trouve AC et AD, comme dans le problème précédent avec le secours des triangles ABC, ABD; on mesure l'angle CAD. Dans le triangle ACD on connaît alors deux côtés et l'angle compris; donc on peut trouver CD [28 et 36].

FIN DE LA TRIGONOMÉTRIE.

PRINCIPES D'ARPENTAGE.

BUT DE L'ARPENTAGE.

1. *L'arpentage* est l'art de mesurer les terrains et de les diviser.

Pour faciliter ces deux opérations, il est souvent nécessaire de lever le plan du *terrain*.

Le plan d'un terrain est sa représentation en petit, sur le papier; c'est une figure semblable à celle que forme son contour, avec les lignes et les points remarquables qu'il renferme.

Le levé d'un plan est l'ensemble des opérations et mesurages à faire sur le terrain, et des opérations de cabinet, ayant pour but le tracé du plan.

2. Dans un plan *géométral*, le terrain est supposé *horizontal*, ou plutôt, *projeté* sur un plan horizontal; c'est-à-dire que, sans tenir compte des différences de hauteur que présentent les différents points, le plan indique seulement les pieds des perpendiculaires abaissées de ces points sur un même plan horizontal.

Il faut alors que toutes les lignes et tous les angles soient mesurés horizontalement, ou ramenés à l'horizon.

De même, dans la mesure de la surface d'un terrain, on évalue ordinairement *sa base*, c'est-à-dire, sa *projection horizontale*, telle que le plan la représente, et sans tenir compte des pentes. Cependant il convient dans certains cas de mesurer la *superficie réelle* du terrain, surtout si les pentes sont très-fortes. La première manière d'opérer se nomme *méthode de cultellation*, et la seconde, *méthode de développement*.

On peut aussi avoir besoin, pour d'autres usages, de déterminer les différences de hauteur de plusieurs points du terrain. L'opération qui résout cette question se nomme *nivellement*.

TRACÉ ET MESURE DES LIGNES.

3. *Pour tracer une ligne droite sur un terrain*, on se sert de piquets ou *jalons*. Une seule personne peut facilement planter un jalon dans le prolongement d'un alignement déterminé ; mais, pour placer des jalons entre deux points, il faut deux personnes : la première, placée à une extrémité de la ligne, indique à l'autre, qui plante le jalon, si elle est dans l'alignement ou si elle s'en écarte.

4. *Quand une ligne est ainsi tracée, pour la mesurer* on se sert d'une *chaîne en fer*, de dix mètres de longueur, divisée en mètres et décimètres. Cette chaîne est accompagnée de dix *fiches* (ou mieux de onze), aussi en fer. Deux personnes portent cette chaîne et la tiennent par des anneaux, ou *poignées*, placées aux extrémités.

La première personne, qui est l'aide ou *porte-chaîne*, marche en avant, avec dix fiches, et en plante une à l'extrémité de la chaîne après qu'elle a été tendue dans la direction de la ligne ; la seconde personne arrête le commencement de la chaîne, d'abord au point de départ, puis à chaque point où une fiche a été plantée, en ayant soin de relever cette fiche avant de continuer.

Chaque fois que la seconde personne a recueilli dix fiches, elle les rend à la première, en laissant plantée la onzième, et elle marque 100 mètres sur un morceau de papier. Quand le porte-chaîne est arrivé à l'extrémité de la ligne, l'arpenteur marque autant de fois 10 mètres qu'il a de fiches à la main, plus autant de mètres et de parties de mètres qu'indique la dernière portée de la chaîne; il ajoute ces nombres aux centaines trouvées, et obtient ainsi la longueur totale de la ligne.

Pour plus d'exactitude, surtout dans les petites distances, il vaut mieux se servir de deux perches, ayant deux mètres de longueur chacune, divisées en décimètres et centimètres. On place ces règles l'une au bout de l'autre, dans la direction de la ligne à mesurer.

Il faut avoir soin de tenir horizontalement la règle ou la chaîne quand on veut avoir les valeurs des lignes réduites à l'horizon, comme l'exige le levé des plans ainsi que l'arpentage par la méthode de cultellation.

Il est bon aussi de s'habituer à mesurer approximativement les distances, à la marche, en cherchant à régler son pas de manière, par exemple, qu'il soit d'un mètre, ou de 80 centimètres.

5. *Pour représenter sur le plan les lignes du terrain*, il faut adopter un rapport entre les lignes du plan et celles du terrain qu'elles représentent. Ce rapport est généralement simple, comme celui de 1 à 100, de 1 à 500, ou à 1000, etc., suivant la grandeur du terrain et l'étendue qu'on veut donner au plan. Ainsi les lignes du plan sont 100 fois, ou 500 fois, ou 1000 fois, etc., plus petites que celles qu'elles représentent : le mètre est alors représenté par le centimètre, ou par le double millimètre, ou le millimètre, etc.

Chaque plan est ordinairement accompagné *d'une*

échelle, c'est-à-dire, d'une ligne divisée en centimètres, millimètres (ou autrement), avec l'indication de la vraie longueur qui lui correspond sur le terrain.

Pour représenter sur le plan une ligne AB du terrain, on prend une ligne *ab* contenant autant d'unités de l'échelle que AB renferme d'unités correspondantes.

Nous dirons alors, pour abréger, que $ab = r \cdot AB$.

Réciproquement, pour savoir combien une ligne AB du terrain contient de mètres, ou de décamètres, on cherche sur l'échelle combien *ab* renferme de parties correspondantes au mètre, ou au décamètre.

6. Pour apprécier avec plus d'exactitude et de facilité les petites divisions décimales de l'échelle ABCD.., on se sert d'une figure semblable à la suivante, appelée *échelle de dixmes*.

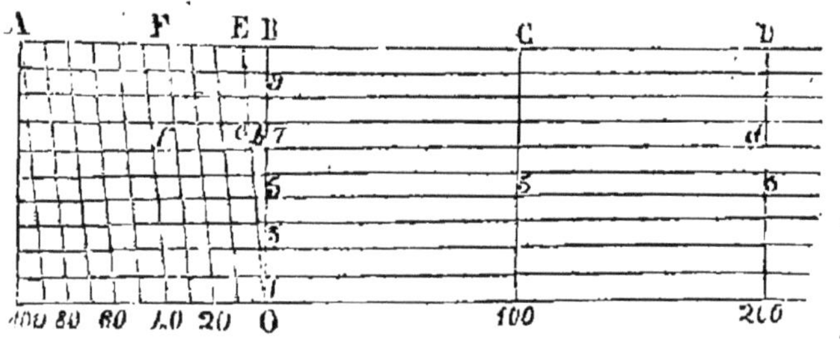

AB, BC, CD... sont des lignes égales destinées à représenter chacune 100 unités. La première AB est divisée en dix parties égales à BE, qui vaut 10. Sur les points A, B, C, D... on élève des perpendiculaires, qu'on coupe par dix parallèles à AD, également distantes. Enfin, par les points de division de AB, sont menées des obliques parallèles à EO.

Dans le petit triangle BOE, une parallèle à BE, telle que *be*, contient un nombre d'unités marqué par le chiffre placé sur cette parallèle, 7 par exemple; car on a $be : BE :: bO : BO :: 7 : 10$; d'où $be = \frac{7}{10} BE = 7$.

Une ligne, telle que *ef*, contient autant de dizaines que l'indique l'extrémité inférieure de F*f*; ainsi *ef*=30.

Une ligne, telle que *bd*, contient autant de centaines que l'indique l'extrémité inférieure de D*d* : *bd*=200.

Supposons qu'on veuille avoir une longueur de 237 unités; sur l'horizontale *ad*, marquée 7, on prend le point *f*, correspondant à 30 et le point *d*, correspondant à 200; alors *fd*=237.

N. B. Dans la figure, BE vaut 0^{m},002, et la plus petite ligne, considérée ici comme unité vaut 0,0002 ou $\frac{1}{5000}$ de mètre : en sorte que l'échelle sera de 1 à 5000, quand cette petite ligne représentera le mètre; et de 1 à 500, quand BE représentera le mètre.

DES PERPENDICULAIRES.

7. Pour tracer des perpendiculaires sur le terrain, on pourrait employer les procédés indiqués dans la Géométrie (n°s 107, 108 et 109), et décrire les arcs de cercle, non plus avec un compas, mais avec un cordeau tendu, dont l'une des extrémités est fixée au centre, tandis qu'avec l'autre on décrit la circonférence au moyen d'un piquet. Mais ce procédé ne peut être employé que dans de petites dimensions.

8. De l'équerre d'arpenteur. On se sert ordinairement, pour mener des perpendiculaires, d'un instrument appelé *équerre d'arpenteur*.

Il y en a de deux espèces, la première consiste en un cercle PPA [*Fig.* 1], sur lequel s'élèvent quatre plaques fendues, P, appelées *pinnules*, et placées de manière que les lignes qui joignent les fentes opposées représentent deux diamètres perpendiculaires entre eux.

Mais on remplace ordinairement cet instrument par un autre plus portatif, CD, qui consiste en une boite cylindrique, ou octogonale, dont la surface convexe est coupée, dans le sens de l'axe, par quatre fentes diamétralement opposées deux à deux, et dans des directions perpendiculaires *mn* et *pq* (*).

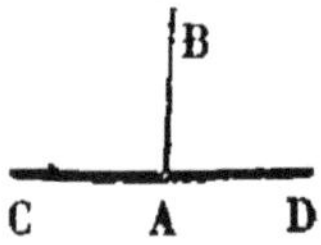

B

C A D

9. Quand il s'agit *d'élever une perpendiculaire en un point* A d'une droite CD, on place l'équerre sur un *pied*, ou piquet, qu'on plante au point A. On tourne l'équerre, de manière qu'en regardant à travers deux fentes opposées, on aperçoive un jalon planté dans la direction AC, ensuite on fait planter un jalon dans la direction perpendiculaire AB indiquée par les deux autres fentes.

10. *Pour abaisser une perpendiculaire sur* CD, *d'un point* B *extérieur*, on se place d'abord en un point de la ligne donnée, près duquel on juge que doit tomber la perpendiculaire; on s'assure avec l'équerre si ce point est exact, ou s'il est à droite, à gauche, du véritable point A. Dans ce dernier cas, on se déplace du côté convenable, et, après une suite de tâtonnements semblables, on arrive au pied A de la perpendiculaire.

11. On peut aussi mener des perpendiculaires sur le terrain, sans se servir de l'équerre.

1° Supposons qu'il s'agisse *d'élever une perpendiculaire à la ligne* AB, *au point* A (F. 4). Pour cela, menons la ligne AB′ dans une direction quelconque; mesurons AB, et portons la même longueur sur AB′; tirons entre B et B′ une ligne BB′, que nous mesurons aussi.

Calculons ensuite le 4ᵉ terme de la proportion

$$\tfrac{1}{2}\,BB' : AB :: AB : X;$$

Soit par exemple, AB = 36^{mè}, et BD = 43^{mè}2; on trouvera BC ou X = 60^{mè}; portons la valeur de X, de B en C sur BB′ prolongé.

(*) Il y a ordinairement quatre autres fentes, qui sont aussi dans des directions perpendiculaires, *m′n′*, *p′q′*, et inclinées de 45° sur *mn* et *pq*.

En joignant les points A et C, on aura la perpendiculaire demandée, AC.

En effet, le triangle ABB' étant isocèle, la perpendiculaire AD, abaissée sur BB', tombe au milieu de BB', et on a BD $= \frac{1}{2}$BB' : ainsi la proportion précédente peut s'écrire : BD : AB :: AB : BC.

Les triangles BAC et BDA ont donc l'angle B commun, compris entre des côtés proportionnels, et sont semblables (G. 271). Or, l'angle BDA est droit ; donc son homologue BAC est aussi droit, et la ligne AC est perpendiculaire à AB.

2° Supposons maintenant qu'on *veuille abaisser d'un point* A, *une perpendiculaire sur une ligne* BC [*Fig*. 6]. On formera un triangle ABC dont on mesurera les trois côtés ; et si l'on conçoit que la perpendiculaire demandée tombe en D, il s'agira de calculer la distance BD. Or, d'après le N° 287 (Géom.), on doit avoir la relation

$$\overline{AC}^2 = \overline{AB}^2 + \overline{BC}^2 - 2BC \times BD,$$

qui donne $2BC \times BD = \overline{AB}^2 + \overline{BC}^2 - \overline{AC}^2$;
or, après avoir calculé le second membre, si on le divise par 2BC, on aura la valeur de BD.

Soit par exemple AC $= 13^{mè.}$, AB $= 20^{mè.}$, et BC $= 21^{mè.}$; on aura $2 \cdot 21 \cdot BD = 400 + 441 - 169 = 672$,
d'où $42 \cdot BD = 672$, et BD $= 16^{mè.}$

Connaissant la valeur de BD, on la porte sur BC, et on trouve le pied de la perpendiculaire.

12. Quand on a déjà sur CD une perpendiculaire AB, peu distante de celle qu'on veut mener d'un point O, on mesure la distance OB du point O à AB ; ce qui peut se faire avec assez d'exactitude sans que OB soit rigoureusement perpendiculaire à AB ; on porte ensuite, de A en P, une distance égale à OB ; et OP est la perpendiculaire demandée.

DES ANGLES.

13. ***Mesurer un angle O sur le terrain.***

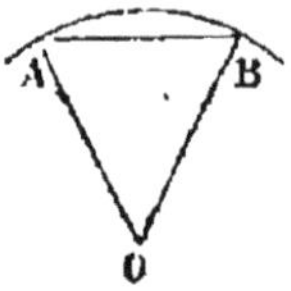

A B O

1er *procédé*. Prenons sur ses côtés des longueurs égales OA, OB, dont la valeur en mètres soit connue : supposons que ce soit 10 mètres. On mesure aussi en mètres la distance AB, qui est la corde de l'arc servant de mesure à l'angle; supposons que cette corde soit 7$^{mè.}$43. Il peut arriver deux cas : 1° Si on veut seulement connaître cet angle de manière à pouvoir en tracer un autre égal sur le terrain, ou sur le papier, on construira un triangle égal ou semblable au triangle OAB, en prenant sur le papier, pour les côtés, autant d'unités de l'échelle qu'ils ont de mètres sur le terrain; 2° Si on veut avoir en degrés la valeur de l'angle; on divisera la corde AB=7$^{m.}$43 par le rayon AO=10, et on aura 0,743 pour la valeur de cette corde comparée au rayon pris comme unité; on en déduit la valeur de l'arc, et de l'angle, 23° 44', au moyen de la table des cordes (Voy. l'explication qui précède la table des sinus).

2e *procédé*. Un angle du terrain s'obtient aussi immédiatement sur le papier au moyen d'un instrument nommé *planchette*, et dont on fait souvent usage dans le levé des plans, quand on n'a pas besoin d'une grande approximation.

La PLANCHETTE [*Fig*. 2] consiste principalement en une tablette placée sur un pied, et sur laquelle est tendue une feuille de papier. La planchette est accompagnée d'une ALIDADE [*Fig*. 3]. C'est une règle construite de manière qu'on puisse la diriger facilement dans un alignement du terrain, au moyen de deux *pinnules*, CA, BD, qui se relèvent perpendiculairement aux deux extrémités de la règle.

Ces pinnules sont, comme celles de l'équerre, de simples plaques P, fendues dans le sens vertical ; ou mieux, elles ont chacune une ouverture carrée, ou *fenêtre*, dans laquelle est tendue verticalement un cheveu, dans la même direction que la fente; celle-ci est placée au-dessus de la fenêtre, dans l'une des pinnules CA, et au-dessous dans la seconde pinnule BD. Chaque fente avec le cheveu de la fenêtre opposée, détermine un plan vertical passant par le bord AB de la règle. Pour diriger cette ligne AB vers un point visible du terrain, on place l'alidade de manière qu'en regardant par une des fentes, le cheveu opposé cache ce point.

Pour *lever* un angle AOB, au moyen de la planchette [*Fig.* 2], on la place au sommet O de cet angle et on plante sur le papier une aiguille au point *o* qui répond verticalement à ce sommet ; on place, contre cette aiguille, l'alidade qu'on dirige successivement suivant chaque côté OA, OB, de l'angle, en ayant soin de tracer chaque fois sur le papier une ligne *oa*, *ob*, le long de la règle.

Quand l'angle est tracé, on peut facilement avoir sa valeur en degrés, au moyen de sa corde.

3e *procédé.* Pour mesurer les angles avec plus d'exactitude, on se sert d'un instrument appelé GRAPHOMÈTRE, qui consiste principalement en un cercle, [*Fig.* 4], ou demi-cercle en cuivre, dont la circonférence, appelée LIMBE, est divisée en degrés et parties de degrés. Le diamètre fixe AB, qui répond à 0°, peut se diriger facilement, en faisant tourner l'instrument autour de son centre, dans un alignement donné, au moyen de deux pinnules, ou au moyen d'une lunette. Une alidade mobile CD tourne autour du centre et représente un second diamètre qu'on peut aussi diriger dans un alignement donné sans déranger le cercle ;

l'angle formé par ces diamètres est mesuré par l'arc compris entre le diamètre fixe et le diamètre mobile, dont la direction est déterminée par les fentes des pinnules; l'extrémité de ce diamètre est marquée, sur le bord de l'alidade, par un trait ou *index*. Quand l'index s'arrête sur une ligne de division du limbe, la valeur en degrés de l'arc se *lit* immédiatement sur le limbe. Mais, comme les divisions du limbe ne peuvent être très-rapprochées sans qu'il y ait confusion, elles indiquent au plus les demi-degrés ; et le plus souvent l'index s'arrête entre deux lignes de division.

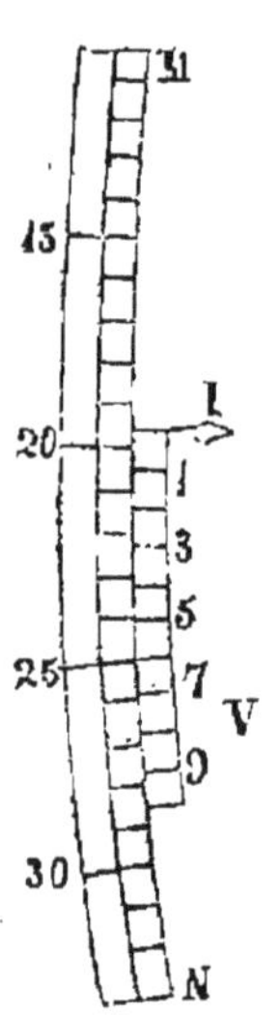

Du vernier. Pour servir à évaluer les fractions des divisions du limbe, l'extrémité de l'alidade mobile porte un arc appelé *vernier;* cet arc, IV, qui glisse sur le limbe NM, comprend un nombre exact de divisions du limbe; nous supposons ici que ces divisions sont des degrés, et qu'il y en a 9 dans l'intervalle IV, qui est divisé sur le vernier en dix parties égales, de telle sorte que chaque partie du vernier vaut $\frac{9}{10}$ de degrés, ou $\frac{1}{10}$ de moins que 1°.

Il en résulte que si l'index, I, coïncide avec une ligne de division du limbe, par exemple avec 19°, le n° 1 du vernier est en retard sur 20° de $\frac{1}{10}$ de 1° ou 6'; le n° 2 est en retard sur 21°, de $\frac{2}{10}$ ou 12', etc. Donc, pour que le n° 6 du vernier, par exemple, coïncide avec la division du limbe marquée 25°, il faut que l'index ait avancé de $\frac{6}{10}$ de 1° ou 36'. L'arc qu'il faudra lire sera alors 19° 36'. Si le n° 6 était un peu plus loin que 25°, sans cependant que le n° 7 atteignît tout à fait 26°, on pourrait encore ajouter une fraction de 6', qu'on évaluerait approximativement à l'œil.

Quand le limbe est divisé en demi-degrés, et que le vernier comprend 7°, ou 14 divisions du limbe, il est divisé en 15 parties égales, et il fait connaître l'arc à $\frac{1}{15}$ de 30′ près, ou à 2′ près; et même à 1′ près.

Dans ce cas, les divisions du vernier portent, la première 2′, la deuxième 4′, la troisième 6′, etc.; celle qui coïncide avec une division du limbe indique alors immédiatement le nombre de minutes qu'il faut ajouter au nombre de demi-degrés précédant l'index.

Il faut avoir soin de placer le plan du limbe horizontalement, quand on veut avoir la valeur d'*un angle réduit à l'horizon:* mais quand on veut *l'angle lui-même*, on dirige le limbe dans le plan de cet angle.

14. ***Représenter sur le papier un angle du terrain.***

Le plan étant une figure semblable au terrain, les angles doivent y être représentés dans leurs vraies grandeurs. Il y a plusieurs procédés pour atteindre ce but.

1° *Avec le rapporteur*. Cet instrument est un demi-cercle BAC (F. 8), en cuivre ou en corne transparente, divisé en degrés et quelquefois en parties de degrés.

Pour faire sur une ligne donnée (F. 8), en un point donné, un angle dont on connaît la valeur, on place le centre de l'intrument au point donné O, et on dirige le diamètre suivant la ligne donnée BC; on marque sur le papier le point A qui répond au nombre de degrés donné; on le joint au centre, et on a l'angle demandé AOC.

2° On peut remplacer avec avantage l'usage du rapporteur par la table des cordes.

On décrit du point donné comme centre un arc AC avec un rayon contenant, autant que possible, un nombre simple d'unités, tel que 10,50,100. On cherche dans la table (V. table des sinus) la corde, qui correspond au nombre de degrés donné ; en la multipliant par la valeur du rayon, on a la longueur de la corde, qu'on porte sur l'arc ; on en déduit facilement l'angle demandé.

La corde s'emploie naturellement quand l'angle du terrain, au lieu d'être mesuré en degrés, a été déterminé par sa corde même ; on prend alors pour le rayon et pour la corde autant de parties de l'échelle, qu'on a trouvé de mètres dans ces lignes, sur le terrain.

3° Quand l'angle a été levé avec la planchette, il est tracé sur le papier, et l'opération précédente devient inutile.

15. *Faire sur le terrain, en un point donné d'une droite, un angle égal à un angle donné.*

1° On pourrait d'abord opérer, comme sur le papier, de la manière expliquée plus haut. Pour cela on décrit un arc avec un cordeau de 10 mètres par exemple ; et on prend une corde égale à celle qui répond à l'angle donné.

2° Si l'angle donné *aob* est tracé sur le papier, on peut encore employer le procédé précédent, ou mieux se servir de la planchette en reprenant en sens inverse le procédé du n° 13.

Pour cela, soit *aob* (F. 2) l'angle qu'il s'agit de faire au point O sur OA. On place la planchette de manière que *o* soit sur la verticale du point O ; au moyen de l'alidade, placée d'abord sur *oa*, on tourne la planchette de manière que *oa* se dirige vers le jalon A ; puis, on place l'alidade sur *ob*, et on fait planter un jalon, B, dans la direction *ob*, de l'alidade.

3° Quand l'angle est donné en degrés, minutes, etc., et qu'on désire une grande exactitude, on se sert du graphomètre, au lieu de la planchette.

DES PARALLÈLES.

16. *Mener sur le terrain, une parallèle à une ligne donnée, par un point donné.*

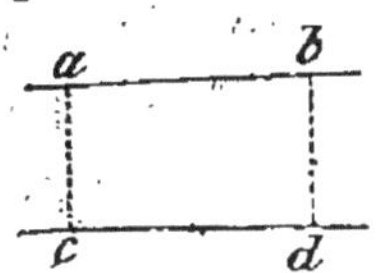

Soit proposé de mener par le point *a* une parallèle à *cd*. On abaisse une perpendiculaire *ac* sur *cd*; on élève une seconde perpendiculaire *db*, égale à *ac*, et on mène la ligne *ab*, qui est la parallèle demandée.

2° Ou bien on mène une sécante par le point donné, et on forme à ce point un angle égal à son correspondant, par un des procédés indiqués précédemment.

3° On peut aussi mener une parallèle à CD par un point A, en ne faisant usage que du mètre, ou d'une unité de longueur quelconque. Pour cela, on prend le milieu O de la sécante AC; on mène ensuite une autre sécante DO, qu'on prolonge d'une quantité OB égale à BO; la ligne AB est la parallèle demandée.

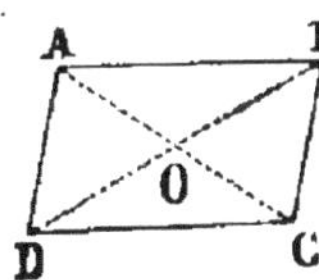

Car les triangles AOB, DOC, qui sont égaux [G. 157], donnent l'angle OAB= OCD; ces angles qui sont alternes internes, étant égaux, les lignes AB, DC, sont parallèles.

LEVÉ DES PLANS.

17. Le plan d'un terrain doit contenir la représentation des points, des lignes remarquables du terrain, et principalement de son contour.

Nous allons faire voir comment on trouve sur le terrain les distances et les angles qui fixent les positions relatives de ces points et de ces lignes; et comment ensuite on les représente sur le plan.

Une ligne droite est déterminée quand on connaît ses deux extrémités; un contour polygonal est déterminé par ses sommets; une ligne courbe est considérée comme une ligne polygonale, quand elle est décomposée en parties assez petites pour que chaque partie puisse être regardée sans erreur sensible, comme rectiligne. Ainsi une ligne courbe se détermine au moyen de plusieurs de ses points convenablement choisis, et souvent à l'aide de quelques tangentes, menées en des points où elles se confondent sensiblement avec la courbe dans la plus grande étendue possible. Le levé d'un plan se réduit donc, dans tous les cas, à la détermination de différents points.

Un point est déterminé, quand on connaît les élément nécessaires pour retrouver sa position sur le terrain et pour construire celui qui le représente sur le plan. Mais cette détermination suppose déjà connus certains points, certaines lignes, appelées *bases*, auxquelles on *relie* les points inconnus, par des angles et des distances. Chaque ligne déterminée peut servir de base : mais il faut toujours une base principale ou fondamentale, dont le choix doit être fait avec discernement, et dont la longueur doit être mesurée avec le plus grand soin.

Quand on veut tracer le plan, on commence d'abord par représenter cette base par une ligne, dont la longueur est indiquée par l'échelle [5], et à laquelle on donne une position telle, que toutes les parties du plan puissent trouver leurs places sur la feuille destinée à le contenir. De plus, quand le plan doit être *orienté*, c'est-à-dire, quand on veut que le nord soit en haut, l'orient à droite, etc., il faut chercher, au moyen de la boussole qui accompagne ordinairement le graphomètre, l'angle que fait, sur le terrain, la base avec la méridienne, et lui donner sur le plan la direction correspondante.

18. ***Déterminer la position d'un point,* A, *par rapport à une base,* BC, *ou par rapport à des points connus.***

1° Méthode des perpendiculaires. *Du point* A, *on abaisse sur la base* BC, *une perpendiculaire*, AD, *qu'on mesure, ainsi que la distance* BD, *entre le pied* D *et le point* B, *pris sur la base* (F. 6).

Il est clair qu'avec la valeur des lignes AD et BD, on pourrait retrouver le point A, s'il était inconnu : on peut aussi, avec le secours de ces lignes, calculer les distances AB et AC [G. 266]; et si *bc* représente, sur le plan, la base BC, en prenant [5] *bd*=*r*·BD, élevant en *d* une perpendiculaire *da*=*r*·DA, on aura le point *a* qui représentera A. Car les triangles, *bda*, *adc* et *abc*, seront respectivement semblables aux triangles BDA, ADC, et ABC. La trigonométrie du reste permettrait de résoudre ces triangles et de trouver les angles B et C.

Cette première méthode, qui exige généralement l'emploi de l'équerre d'arpenteur, convient surtout à la détermination d'un point peu distant de la base.

2° Méthode des intersections. *On mesure la base* BC *et les angles,* B, C, *formés sur cette base par les lignes* AB, AC (F. 6).

Ces angles, étant connus, déterminent les directions AB, AC, qui par leur intersection déterminent le point A.

Le triangle ABC, dans lequel on connait un côté et les deux angles adjacents, pourrait être construit sur le terrain, ou représenté par son semblable *abc*, sur le plan ; il pourrait aussi se résoudre par la trigonométrie, ce qui ferait connaître les distances AB, AC.

Cette méthode exige ordinairement l'emploi de la planchette ou du graphomètre. Elle est avantageuse quand le point A est très-éloigné des points B et C, et elle devient indispensable quand ce point A est inaccessible ; mais il faut toujours qu'il soit visible.

Il faut, pour l'exactitude du procédé, que le triangle ABC n'ait pas d'angle très-aigu ou très-obtus ; ce qu'on cherche à éviter par un choix convenable de la base.

3ᵉ MÉTHODE. *On mesure les deux distances* AB, AC, *du point* A *aux extrémités de la base.*

On connait alors les trois côtés du triangle ABC, qu'on pourrait par conséquent construire ou représenter, sur le plan, par son semblable *abc*, ou qu'on pourrait résoudre par la trigonométrie.

Ce procédé n'exige l'emploi que de la chaine ou du mètre, et il peut servir avantageusement à *rattacher, à une petite base, un point peu distant de ses extrémités.*

4ᵉ MÉTHODE. *On mesure la ligne* BA, *et l'angle* B, *qu'elle forme avec la base* BC. Cet angle détermine la direction de BA, et la longueur BA détermine la position du point A sur cette direction. Quand on connait la longueur BC de la base, les triangles ABC, *abc*, sont aussi déterminés, et la trigonométrie peut faire connaître la distance AC, ainsi que l'angle C.

Cette méthode sert avantageusement quand le point A est peu distant du point C. Elle devient indispensable dans certains cas ; comme, par exemple, lorsque le point A est séparé de la base par des obstacles qui ne permettent de l'apercevoir et de l'aborder que dans une seule direction.

3e MÉTHODE (F. 7). *Soit O, le point qu'il s'agit de déterminer, et* A, B, C, *trois points connus, auxquels on veut le rattacher. On mesure les angles* AOB, BOC. Ces angles déterminent le point O ; car, supposons que les points A, B, C soient représentés sur le plan, par trois points *a*, *b*, *c*, pour trouver le point *o*, qui doit représenter O, on décrira sur *ab* un segment capable de l'angle AOB [G. 135] ; et sur *bc*, on décrira un segment capable de l'angle BOC ; le point de rencontre des deux circonférences sera le point *o*, demandé.

Cette méthode s'emploie rarement ; elle pourrait servir si l'on n'avait qu'un seul point à déterminer sur un terrain dont on a déjà le plan. Elle a l'avantage de n'exiger *qu'une seule station* au point O pour mesurer les angles ; et elle n'exige la mesure d'aucune ligne.

19. LEVÉ D'UN POLYGONE. Pour lever le plan d'un terrain terminé par une ligne polygonale, il suffit, comme nous l'avons dit, de déterminer chacun de ses sommets. Ainsi la question pourrait être regardée comme résolue par ce qui précède. Mais il reste à faire quelques observations générales, sur l'emploi des différentes méthodes qu'on vient de voir.

Remarquons d'abord que le choix de la méthode qu'on doit employer, étant généralement subordonné à la nature des instruments dont on peut disposer, on est souvent forcé d'employer le même procédé pour chaque point. Ainsi, quand on ne peut, ou qu'on ne veut se servir que de l'équerre d'arpenteur, c'est la méthode des perpendiculaires qu'on emploie nécessairement.

1° *La méthode des perpendiculaires* convient particulièrement à un terrain long et étroit ABCDE (F. 9). Dans ce cas, une seule base AC, menée dans le sens de la longueur, peut suffire. On abaisse sur cette base, de tous les sommets du polygone, et de tous les points remarquables, des perpendiculaires, qu'on mesure ainsi que les distances entre leurs pieds. Il peut cependant y avoir avantage, surtout quand le terrain a une certaine largeur, à prendre des bases auxiliaires qu'on rattache à la base principale.

La méthode des perpendiculaires peut aussi être utilement employée pour lever quelques détails, tels que les parties sinueuses d'une ligne dont les points principaux auraient été levés par d'autres procédés; par exemple les parties HIL, FXM, MZN, de la figure 11.

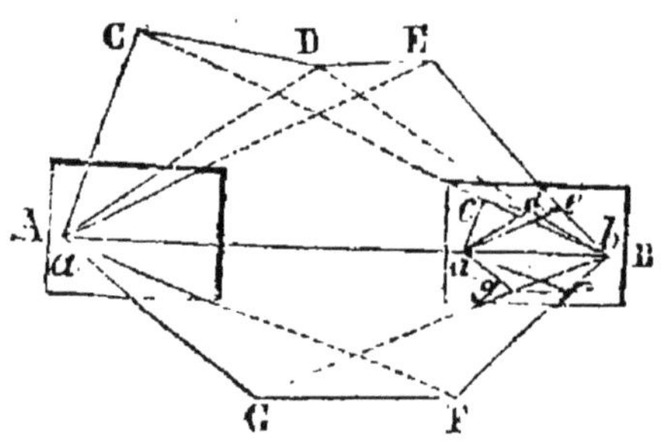

2° *La méthode des intersections* s'emploie pour lever un terrain dont les points remarquables sont tous visibles des extrémités d'une base AB, qu'on mène ordinairement dans l'intérieur du terrain. Cette méthode a l'avantage de n'exiger la mesure que d'une seule base AB, avec deux *stations* seulement, l'une en A, l'autre en B, pour mesurer les angles. Il importe, en effet, d'éviter la mesure de plusieurs grandes lignes, et les stations nombreuses; parce que chacune de ces opérations demande un temps assez long, et des soins particuliers, pour disposer la planchette ou le graphomètre.

L'emploi de la planchette a en outre l'avantage de donner immédiatement sur le papier le plan qu'on lève, sans aucune opération de cabinet.

Après avoir tracé sur la feuille qui couvre la planchette une ligne $ab = r \cdot AB$, dans une position convenable, on se transporte au point A, où on établit la planchette de manière que le point *a* réponde verticalement au point A, au moins approximativement, et que *ab* soit dirigé suivant AB. On trace ensuite, avec l'alidade, des lignes *ac*, *ad*, *ae*, *af*, *ag*, etc., dans les directions de AC, AD, AE, AF, AG, etc. On se transporte ensuite au point B, où on dispose la planchette de manière que, *b* répondant à B, *ba* soit dirigé suivant BA ; puis on trace les lignes *bc*, *bd*, *be*, *bf*, *bg*, etc., dans les directions de BC, BD, BE, BF, BG, etc. Les intersections *c*, *d*, *e*, *f*, *g*, etc, représentent les points C, D, E, F, G, etc.

L'emploi du graphomètre devient nécessaire, pour plus d'exactitude, quand le terrain a une certaine étendue ; mais on opère alors avec cet instrument comme avec la planchette, à cette seule différence près, que les angles étant connus en degrés et minutes, il faut les rapporter sur le plan par une opération de cabinet.

3° *Quand l'intérieur du terrain est embarrassé par des habitations, ou par des arbres* (comme est une forêt), *ou par d'autres obstacles*, les méthodes précédentes ne pouvant plus être employées, *on lève le polygone en en faisant le tour* et en se servant de la 4e méthode du n° 18 ; on fait usage pour cela de la planchette ou mieux du graphomètre.

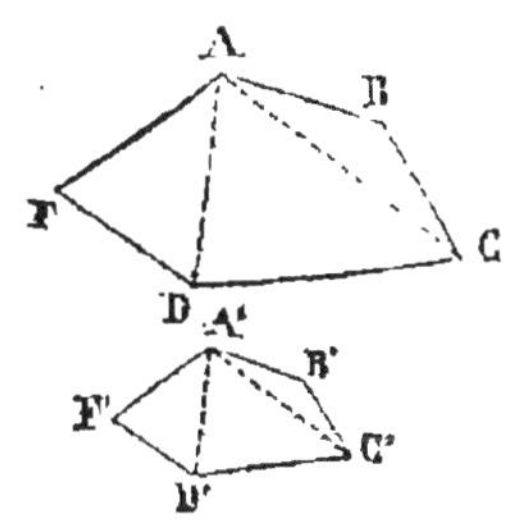

On mesure alors un côté AB, puis l'angle ABC et le côté BC ; le point C se trouve ainsi rattaché au côté AB. On rattache de même D au côté BC, et ainsi de suite, en mesurant successivement les côtés et les angles du polygone. Arrivé au point F, on pourrait s'arrêter, et se dispenser de mesurer l'angle F, le côté FA et l'angle A. Mais, en mesurant aussi ces trois dernières quantités, on se procure des moyens de vérification qu'il est bon de ne pas négliger.

D'abord on sait que la somme des angles du polygone doit être égale à autant de fois deux angles droits qu'il y a de côtés moins deux [G. 151]. Si les angles trouvés ne remplissaient point cette condition, il y aurait erreur, et le polygone construit avec de telles données ne serait pas *fermé*. Pour *se fermer*, on répartit l'erreur sur tous les angles quand elle n'est pas trop forte, ou on la corrige en mesurant avec plus de soin.

Quand à la vérification qui résulte de la connaissance du dernier côté FA, elle a lieu quand on trace le plan, et que, pour cela, on construit les triangles A'B'C', A'C'D' A'D'F' semblables aux triangles ABC, ACD, ADF; ou bien quand on résout ces triangles par la trigonométrie. Il faut alors que la valeur trouvée pour FA, par la construction ou par le calcul, soit égale à celle qu'on a trouvée sur le terrain.

On peut, en effet, résoudre le triangle ABC dont on connait les côtés, AB, BC, et l'angle compris ABC; on en déduit le côté AC et l'angle BCA, qui, retranché de l'angle mesuré, BCD, donne l'angle ACD; dans le triangle ACD, on connait encore deux côtés et l'angle compris et ainsi de suite, jusqu'au dernier triangle ADF, qu'on peut résoudre sans connaître le côté FA.

On peut quelquefois lever à l'équerre un terrain ABCD (F. 10) embarassé de plantations et dans lequel on ne peut pas facilement pénétrer. Pour cela on l'entoure d'une figure EFGH, dont on mesure les côtés et les angles, que l'on fait droits autant que possible. On détermine ensuite les points principaux du terrain par des perpendiculaires abaissées sur les côtés de la figure EFGH, qu'on mesure, ainsi que les distances entre leurs pieds.

4° *Points intérieurs.* Pour déterminer les points situés dans l'intérieur du polygone, on les relie à des côtés déjà déterminés, qu'on choisit de la manière la plus favorable à chaque point. Il en est de même des lignes droites ou courbes situées à l'intérieur. Il est souvent commode de déterminer ces droites au moyen des points où elles rencontrent les côtés du périmètre, ou d'autres lignes connues; on peut en faire autant pour certaines lignes du périmètre, dont les prolongements pénètrent dans le polygone, quand celui-ci a des parties rentrantes.

5° *Exemple.* Pour offrir un exemple des différents cas particuliers qui viennent d'être énumérés, supposons qu'il s'agisse de lever le plan d'un propriété ADFMLH, (F. 11) terminée de deux côtés par une rivière.

On tracera d'abord une base principale, dans la position la plus favorable, et on la mesurera avec soin. Supposons que KM soit cette base.

On rattachera le point F à cette base, par le triangle KFM dans lequel on mesurera les deux angles FKM et FMK.

Prenant ensuite FK pour base, on déterminera la position du point G, de la même manière.

Pour déterminer les points A,B,C,D,E, il sera commode de prendre un point O, intérieur, qu'on rattachera d'abord à la ligne déjà déterminée, FG; puis joignant le point O à chacun des points A,B,C,D,E, on mesurera les distances OA, OB, OC, OD, OE, ainsi que les angles, GOA, AOB, BOC, COD, DOF, EOF. Ou bien, au lieu de mesurer ces angles, on pourrait mesurer les lignes GA, AB, BC, CB, DE, EF; dans l'un et l'autre cas, les point A,B,C, seront déterminés, par les triangles OGA, OAB, etc.

Revenant à l'autre partie de la figure, on élèvera sur la base KM, une perpendiculaire KL, en un point K, dont la distance à KH sera connue; on élèvera une seconde perpendiculaire VN; on mesurera ces deux perpendiculaires prolongées jusqu'à la limite de la propriété.

Les points principaux seront ainsi déterminés.

Pour avoir les détails FXYM, MZN, HIL, etc., on les obtiendra par des perpendiculaires abaissées sur les côtés connus FM, VN, NL, KL, en mesurant toutes ces perpendiculaires et les distances entre leurs pieds.

Si on a eu soin de prendre le point K dans l'alignement GG' du bâtiment, il suffira de mesurer sa longueur pour connaître le point G'. On mesurera aussi les dimensions des autres corps de bâtiments; on s'assurera si leurs angles sont droits, et, dans le cas contraire, on les mesurera.

Pour déterminer la position du point intérieur, P, on tracera l'alignement FPR; on mesurera KR, et RP.

Si la rivière forme, de L en N un coude tel qu'on ne puisse pas abaisser, de tous ses points, des perpendiculaires sur LN, on mènera une parallèle *bc*, à une distance connue, *ab*, et qui servira de base pour déterminer les points *p*, *q*, *r*, de la courbe rentrante.

Enfin pour déterminer avec plus de précision les parties courbes, etc., on pourra tracer, dans leurs directions, des alignements, *pn*, *mq*, dont on aura soin de déterminer deux points.

Si l'on veut ensuite rapporter sur le papier la figure ainsi levée, on suivra, dans les opérations graphiques, la même marche qu'on a suivie sur le terrain;

On commencera par tracer la base *km*, en lui donnant pour longueur autant de parties de l'échelle que KM contient de mètres ; on fera en *k*, et en *m*, des angles égaux à leurs homologues mesurés sur le terrain ; enfin on continuera à construire sur le papier des triangles semblables à tous ceux qu'on a tracés sur le terrain. On mènera les perpendiculaires *kl*, *mn*, qui doivent représenter KL et MN ; enfin on mènera aussi toutes les perpendiculaires, qui doivent déterminer les parties sinueuses. Le point *p* qui représentera P, se trouvera en prenant sur *km*, une distance *kr*, représentant KR, et sur *rf*, une distance *rp*, représentant RP, etc.

On arrondit, à vue, les parties courbes, en les faisant passer par ceux de leurs points qu'on a déterminés, et en se guidant sur les tangentes employées, qu'on a soin de rapporter sur le papier.

MESURE DES DISTANCES INACCESSIBLES.

Il peut se présenter des cas où la mesure de certaines lignes utiles rencontre des obstacles ; c'est ce dont nous allons nous occuper.

20. *Mesurer la distance d'un point* B, *à un point* A *inaccessible*.

Après avoir mené et mesuré une base BC (F. 6), ainsi que les angles ABC, BCA, on construit sur le papier un triangle *abc* semblable à ABC ; autant *ab* contient d'unités de l'échelle adoptée, autant AB renferme de mètres, ou d'unités correspondant à celle de l'échelle.

La résolution du triangle ABC, par la trigonométrie, fait connaître avec plus d'exactitude la valeur du côté AB.

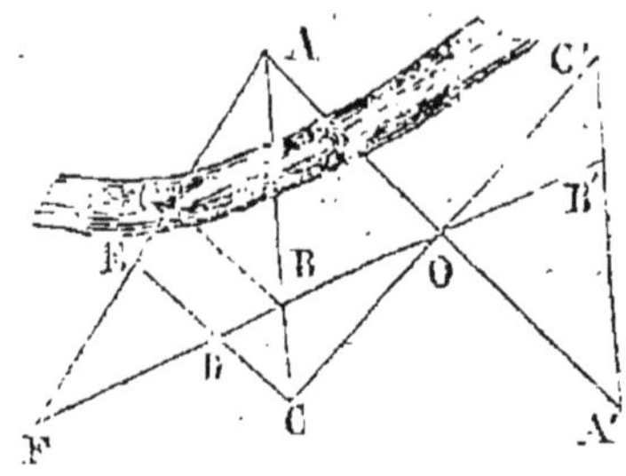

2e *procédé.* Quand le terrain est disposé convenablement, après avoir pris BO pour base d'un triangle ABO, on construit sur le terrain même un triangle égal à ABO.

C'est ce qu'on peut faire en prolongeant BO d'une quantité OB'=OB ; puis en menant, en B', une ligne B'A', parallèle à AB, jusqu'à la rencontre du prolongement de AO, en A'. Le triangle A'B'O est alors égal au triangle ABO [G. 154], et on a AB=A'B' ; cette dernière ligne pouvant être mesurée, fait connaître AB.

Pour mener A'B' parallèlement à AB, on emploie celui des trois procédés du n° 16, qu'on juge le plus convenable. Ainsi, par exemple, quand on n'a à sa disposition ni équerre, ni graphomètre, on se sert du 3e procédé, en formant, comme la figure l'indique, un triangle OB'C' égal au triangle OBC, etc.

3e *procédé, ou méthode des transversales.* Après avoir prolongé AB d'une quantité quelconque BC, on mène CE à volonté, puis BD qu'on prolonge jusqu'à la rencontre F de l'alignement AE ; on mesure BC, BF, DF, DE et CE. On va voir comment les valeurs de ces lignes servent à calculer BA. *Concevons* BG menée parallèlement à CE; on aura la proportion, DF : BF : : DE : BG, de laquelle on peut tirer la valeur de BG, puisque les trois premiers termes sont connus.

Mais on a aussi la proportion, CE : BG : : CA : BA, dans laquelle les deux premiers termes sont connus, ainsi que la différence BC des deux derniers termes ; on pourra donc en déduire [G. 41] :

CE—BG : BG : : CA—BA : BA,

ou CE—BG : BG : : BC : BA ;
proportion qui fait connaître BA.

21. *Mesurer la distance entre deux points inaccessibles.*

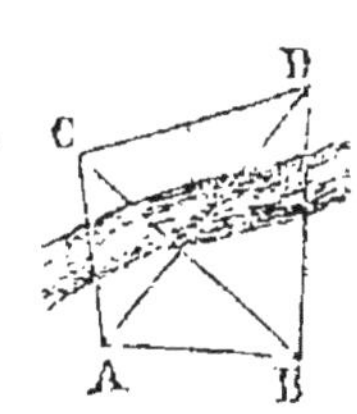

1° Soient C et D les deux points dont il faut mesurer la distance. On mesure une base AB sur la partie accessible du terrain, on rattache à cette base les points C et D par la méthode des intersections ; puis, avec les angles trouvés, on construit sur le papier une figure *acdb*, semblable à ACDB ; la ligne *cd* fait connaître par son rapport avec l'échelle, la valeur de la ligne CD (*V. trig.* n° 36).

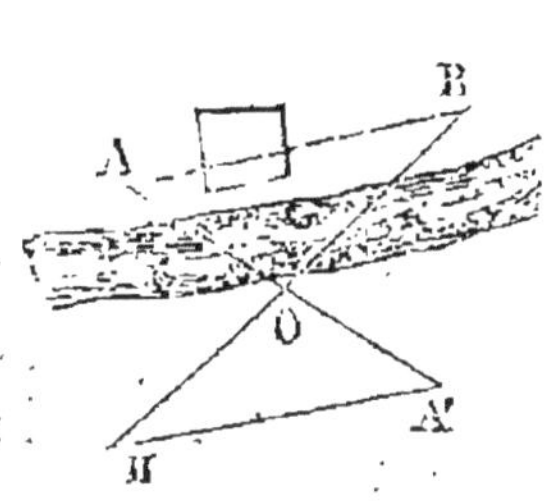

2° Quand la disposition du terrain le permet, on peut trouver, par une construction faite sur le terrain même, la distance des points inaccessibles A et B. Pour cela, on prend un point O dans la partie accessible du terrain, on cherche sa distance au point A, et sa distance au point B, par un des procédés du n° précédent; on prolonge AO d'une quantité OA′=OA, et on prolonge BO d'une quantité OB′=OB.

Les triangles OAB, OA′B′, seront égaux, et la distance AB est égale à la ligne A′B′, qu'on peut mesurer.

N. B. Ce procédé servirait aussi à déterminer la distance de deux points A, B, accessibles, mais séparés par un obstacle. Dans ce cas les distances AO et BO se mesureraient directement.

MESURE DE LA SUPERFICIE DES TERRAINS.

22. Pour avoir la superficie d'un terrain, il n'est pas nécessaire d'en tracer le plan avec exactitude ; on peut se contenter de faire un *croquis de ce plan*. Ce croquis est un dessin, fait sur place, avec l'approximation qu'on peut obtenir sans se servir de règle ni de compas, et sur lequel on *cote* les valeurs des lignes et des angles qu'on a mesurés. Il sert à guider dans les calculs qui restent à effectuer.

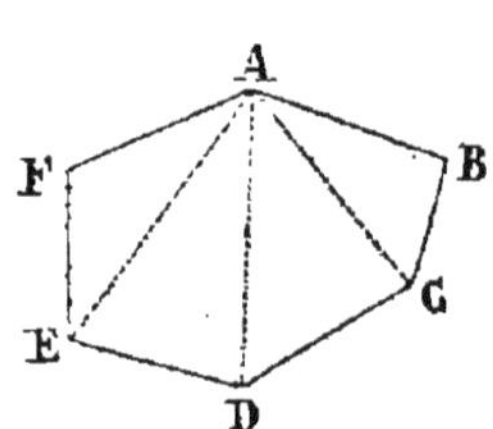

1° *Soit* ABCDEF, *un terrain polygonal dont on veut trouver la superficie;* on le décompose en triangles ABC, ACD, ADE, AEF; on mesure la base, et la hauteur de chaque triangle; on multiplie chaque base par la moitié de la hauteur correspondante [G. 249], et on a une suite de produits dont la somme représente la superficie du polygone. Pour que le résultat soit exprimé immédiatement en *ares*, on prend le décamètre pour unité linéaire; si on prenait le mètre, le résultat devrait être divisé par 100 pour exprimer des ares.

Remarquons aussi qu'il y a avantage à faire servir la même base pour deux triangles consécutifs; parce qu'on a alors moins de lignes à mesurer, et parce que la somme de ces deux triangles s'obtient en multipliant la base commune par la demi-somme des hauteurs.

2° On pourrait aussi mesurer chaque triangle en s'appuyant sur le théorème du n° 32 de la trigonométrie. On serait alors dispensé de mener et de mesurer les perpendiculaires; mais il faudrait mesurer un angle dans chaque triangle. Pour ne faire qu'une station, on mesurerait ceux qui ont leurs sommets en A, et on mesurerait aussi les côtés AB, AC, AD, AE, AF. Ce procédé fournirait aussi les données suffisantes pour tracer le plan du polygone, avec une grande exactitude.

3° Il est quelquefois plus commode et plus exact de décomposer le terrain en trapèzes et triangles rectangles (F. 9), par une diagonale, sur laquelle on abaisse des perpendiculaires de tous les sommets, comme quand on lève le plan à l'équerre : quand on a mesuré ces perpendiculaires et les distances, entre leurs pieds, on connait tous les éléments nécessaires pour calculer les surfaces de tous les triangles et trapèzes.

Ce procédé a aussi l'avantage de fournir tous les éléments nécessaires pour tracer le plan avec facilité et exactitude.

4° Quand il n'est pas possible de pénétrer dans l'intérieur du terrain, comme quand il s'agit d'une forêt, on l'entoure par un rectangle, par un trapèze ou toute autre figure dont on puisse trouver la superficie (F. 10). On mesure ensuite les parties extérieures, décomposées en triangles et en trapèzes ; on les retranche de la figure entière, et on a la superficie du terrain proposé.

5° Quand ces procédés ne sont pas praticables ou suffisamment exacts, on lève le plan par un des procédés qui sont applicables à la nature du terrain. Après avoir tracé ce plan avec toute l'exactitude possible, on le décompose en triangles, en trapèzes, de la manière qu'on juge la plus convenable ; on calcule sa superficie, en ayant soin, dans les opérations, de considérer comme des mètres les unités de l'échelle qui représentent le mètre, etc.

On arriverait à une plus grande précision, si, au lieu de prendre les dimensions des triangles sur le plan, on les déduisait, avec le secours de la trigonométrie, des mesures trouvées directement sur le terrain.

DIVISION DES TERRAINS.

23. Les méthodes de division fondées sur le calcul sont généralement plus rigoureuses que celles qui reposent sur des constructions. Celles-ci peuvent souvent être effectuées sur le terrain même; mais il est toujours plus commode de les exécuter sur un plan, et de transporter ensuite sur le terrain les résultats obtenus.

Résolvons d'abord quelques questions préliminaires qui doivent conduire, dans certains cas, au but proposé. Elles exigent qu'on ait présents à la mémoire quelques problèmes de la géométrie; par exemple, ceux qui ont pour but de convertir un polygone en triangle [G.259], ou un triangle en quarré [251]; de faire un quarré équivalent à la somme ou à la différence de deux quarrés [269], et par conséquent de deux figures quelconques.

24. Problème. *Les trois lignes* CA, AB, BD, *étant données de position, mener une ligne* CD, *parallèle à* AB, *telle que le trapèze* ABCD *ait une surface donnée.*

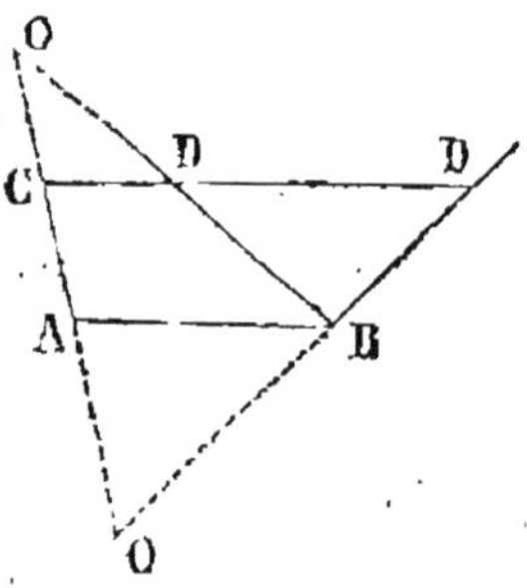

La surface du trapèze pourrait être donnée en nombre ou représentée par une figure, (par un quarré, par exemple). Dans tous les cas, nous la représenterons par a^2.

Prolongeons les lignes AC, BD, jusqu'à leur rencontre,

O, qui peut avoir lieu au-dessus ou au-dessous de la ligne AB. Nous obtiendrons, par là, un triangle OAB, dont la surface sera déterminée et pourra être représentée par b^2. La ligne cherchée, CD, formera aussi un triangle OCD semblable au précédent OAB, et dont la surface sera connue; car, dans le premier cas, on doit avoir $OCD = OAB - CABD = b^2 - a^2$, et dans le second cas, on doit avoir

$$OCD = OAB + CABD = b^2 + a^2.$$

Ainsi dans les deux cas la surface du triangle OCD sera connue et pourra être représentée par c^2. Or, on doit avoir la proportion,

$$OAB : OCD :: \overline{OA}^2 : \overline{OC}^2, \text{ ou } b^2 : c^2 :: \overline{OA}^2 : \overline{OC}^2;$$

d'où on tire $$b : c :: OA : OC,$$

proportion de laquelle on tirera la valeur de OC (qui est seule inconnue), soit par le calcul, quand les trois premiers termes seront connus en nombres, soit par une construction quand ils seront représentés par des lignes.

25. Remarque. Si les lignes AC, BD, étaient parallèles, la question se résoudrait encore sans difficulté. Si le point de concours, O, de ces lignes était très-éloigné, la solution précédente deviendrait incommode. Mais il serait facile d'y substituer alors un procédé qui donnerait pour CD une ligne *sensiblement* parallèle à AB.

26. Problème. *Convertir une figure en un triangle, ayant un côté donné,* AD, *et un angle donné,* DAE, *adjacent à ce côté.*

Cette question peut se résoudre par le calcul, ou par des opérations graphiques.

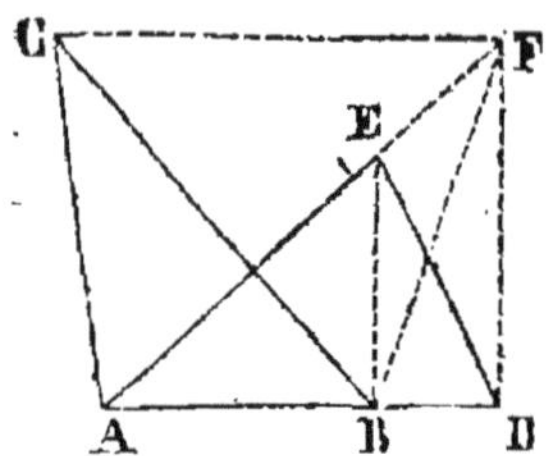

1° *Solution numérique.* La surface de la figure étant donnée en nombre, divisons-la par la moitié de la perpendiculaire, abaissée du point D, sur la direction AE, et que nous considérerons comme la hauteur du triangle cherché ; le quotient obtenu représentera la base, AE, de ce triangle, qui sera par conséquent déterminé.

2° *Solution graphique.* Convertissons d'abord la figure donnée en un triangle quelconque ABC, dont nous plaçons un des côtés, AB, sur la direction de AD ; menons CF parallèlement à AB jusqu'à la rencontre de AE prolongé. Les triangles ABC, AFB, auront même base AB, et même hauteur, comme ayant leurs sommets, C, F, sur une parallèle à cette base ; donc ils seront équivalents.

Joignons F à D, et par le point B, menons BE parallèle à DF. Les triangles EFB, EDB seront équivalents comme ayant même base BE, et leurs sommets F, D, sur une parallèle à la base. Ainsi ADE sera équivalent à AFB, qui est déjà équivalent à ABC ; donc ADE sera le triangle demandé.

27. Problème. *Mener, par le sommet d'un triangle, des droites qui le divisent en parties, ayant entre elles des rapports donnés.*

On divise la base en parties dont les rapports soient ceux qui ont été donnés, et on joint les points de division au sommet. On obtiendra, par là, différents triangles de même hauteur que le triangle donné, et qui seront par conséquent entre eux comme leurs bases; c'est-à-dire qu'ils auront les rapports demandés.

Ainsi, par exemple, pour diviser un triangle en

plusieurs parties équivalentes, on divise sa base en autant de parties égales qu'on en demande dans le triangle, et on joint les points de division au sommet.

28. Remarque. On peut diviser aussi un trapèze en parties égales, ou en parties qui aient des rapports donnés; pour cela, on partage chacune de ses bases parallèles, de la manière dont on veut diviser la figure; puis on joint deux à deux les points de division correspondants.

29. Problème. *Etant donné un polygone, mener, par un point de son contour, une ligne qui le divise en deux parties dont l'une ait une aire donnée*, S.

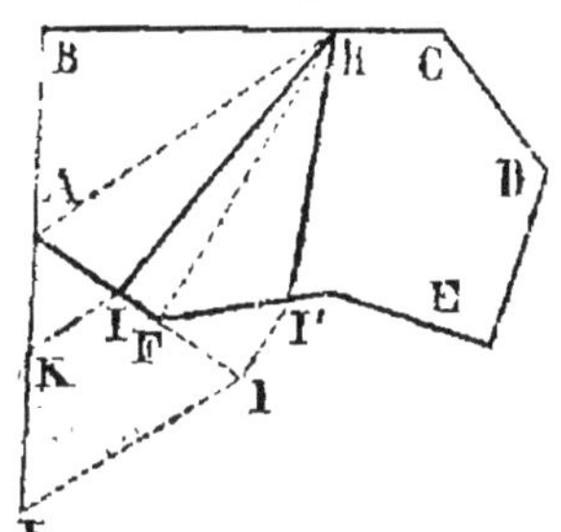

1° *Solution numérique.* Soit ABCDEF le polygone donné, et H le point par lequel il faut mener la ligne de division. On joint ce point H aux sommets A, F, E, etc., et on mesure les triangles HBA, HAF, HFE, etc., qu'on ajoute successivement, jusqu'à ce qu'on trouve deux sommes consécutives l'une plus petite, l'autre plus grande que la valeur de la surface, *S*, assignée pour la partie HBAI... Supposons qu'on trouve ainsi que HBA est trop petit, tandis que HBAF serait trop grand; on calculera ce qui manque à HBA pour être équivalent à *S*, et on trouvera (par le problème, n° 26) le triangle HAI, qui complètera cette figure HBAI. Si *S* surpassait HBAF, on trouverait de même le triangle HFI', qui doit être ajouté à ce quadrilatère pour donner la surface, *S*.

2° *Solution graphique.* Soit ABCDEF le polygone

qu'il s'agit de diviser, et H le point par lequel doit passer la ligne de division. On détermine d'abord BK (par le problème du n° 26, *solution graphique*), de manière que le triangle HBK, qu'on formerait en menant une droite HK, soit équivalent à *S*; il s'agit alors de ramener la surface de ce triangle dans le polygone. La partie HBA faisant déjà partie du polygone, il suffit d'y faire entrer la partie triangulaire HAK; pour cela on mène KI parallèle à AH, et on a le triangle AIH équivalent au triangle HAK, comme ayant même base AH et même hauteur. La partie demandée sera HBAI.

Si le triangle, représentant *S*, avait une base BK assez grande pour que la ligne KI parallèle à AH rencontrât AF, dans son prolongement, en I, il faudrait mener II' parallèlement à la seconde diagonale HF, pour remplacer le triangle HFI par un triangle équivalent HFI', situé tout entier dans ce polygone.

Si le nouveau point de rencontre, I', était encore sur le prolongement de FE, on opèrerait de la même manière pour faire entrer dans ce polygone le triangle HEI', auquel il donnerait lieu, et ainsi de suite.

30. Problème. *Etant donné un polygone* **ABCDE**, *mener, dans une direction donnée, une droite* **PQ**, *qui le divise en deux parties, dont l'une,* **PAGQ**, *ait une aire donnée,* **S**.

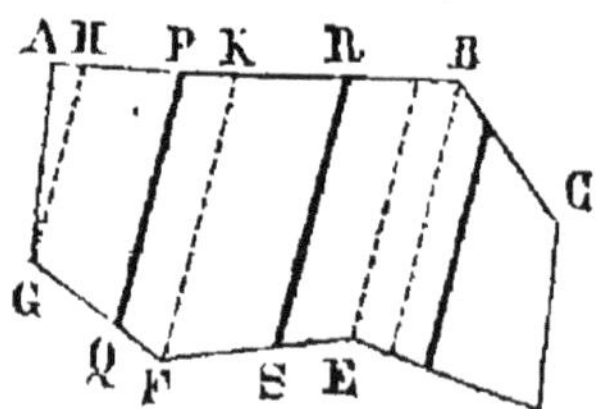

Menons par les sommets G, F, E, B, des parallèles à la direction donnée; mesurons le triangle et les trapèzes compris entre ces parallèles. En les ajoutant successivement, on reconnaîtra facilement entre lesquelles de ces parallèles doit passer la ligne cherchée PQ; supposons qu'on ait trouvé que c'est entre F et G. En prenant la différence entre la surface donnée S, et la surface de AGH, on trouvera (par le calcul ou par la construction) la surface du trapèze GHPQ. On pourra donc, d'après le problème du n° **24**, trouver la position de la ligne PQ, et le problème sera résolu.

31. Corollaire général. On peut maintenant diviser un polygone en plusieurs parties, ayant entre elles des rapports donnés, et de manière que les lignes de division passent par des points donnés, ou de manière qu'elles soient parallèles à des lignes données. Pour cela on commencera par trouver la surface de ce polygone, en nombre si on veut employer le calcul, et on le réduira en triangle si on veut se servir de constructions; on divisera ce nombre ou ce triangle en parties qui aient entre elles les rapports que doivent avoir les parties demandées du polygone. Il ne s'agira plus alors que de mener dans ce polygone, suivant le mode demandé, les lignes qui interceptent entre elles des parties équivalentes à celles qu'on aura trouvées : ce que l'on pourra toujours faire d'après les nos 29 et 30.

Du nivellement.

32. On appelle *couche de niveau*, une surface, comme celle des eaux tranquilles, qui affecte la forme de la terre.

Une *ligne de niveau* est celle qui suit la direction d'une pareille surface.

Ainsi, rigoureusement parlant, une ligne de niveau ne peut jamais être droite; elle doit participer à la courbure de la terre. Un arc de grand cercle terrestre,

AB, (F. 19) est une ligne de niveau; la droite horizontale AC se nomme *ligne de niveau apparent*. La différence CB, entre le *niveau vrai* et le niveau apparent est d'autant plus grande que la distance AB est plus grande; mais les deux lignes de niveau se confondent sensiblement, quand leur longueur ne dépasse pas certaines limites que nous déterminerons plus tard.

33. *Deux points sont de niveau,* quand ils se trouvent sur une même surface de niveau, ou bien quand ils sont à la même distance d'une surface de niveau. Ainsi, quand deux points sont de niveau, l'eau ne peut pas couler de l'un à l'autre; et quand un point A est au-dessus du niveau du point B, l'eau coule de A à B.

34. *Le nivellement* d'un terrain a pour but de déterminer les différences de niveau de deux ou de plusieurs points de ce terrain.

La *cote de hauteur* d'un point B, par rapport à un point A, est la quantité dont le point B est élevé au-dessus du niveau de A. On détermine ordinairement la cote de hauteur des différents points, par rapport au *niveau de la mer*.

35. DES NIVEAUX. Il y a plusieurs instruments, appelés *niveaux* et destinés à indiquer la direction horizontale. Le plus simple est *le niveau de maçon* (F. 12), qui consiste en un triangle isocèle, ABC, en bois, accompagné d'un fil à plomb AP, partant du sommet, A, et tombant sur une traverse *bc*. Quand cet instrument est placé verticalement, et que les pieds, B, C, reposent sur une règle horizontale, le fil à plomb doit tomber sur un trait marqué au milieu de la traverse *bc*. Car le fil à plomb, étant vertical, est alors perpendiculaire à la base horizontale; quand le fil tombe

plus près de C, il faut relever la règle de ce côté pour la rendre horizontale, et réciproquement.

Le *niveau d'eau* consiste en un tube BC (F. 13) de métal, communiquant à ses extrémités avec deux petits tubes AB, CD, en verre, et perpendiculaires au tube principal BC. Quand cet instrument est placé sur son pied, on l'emplit d'eau rougie jusque vers le milieu des tubes en verre; les deux points où s'arrête le liquide sont rigoureusement de niveau, et la ligne HH', menée par les points A et D est horizontale.

Le *niveau à bulle d'air* (F. 14), est un tube en verre, contenant un liquide coloré avec une bulle d'air. Quand le tube AB est horizontal, la bulle doit se trouver vis-à-vis l'index, I, placé au milieu du tube. Quand la bulle est plus près de l'extrémité B, ce point est trop haut, et il faut le baisser pour rendre le tube horizontal.

Pour garantir le tube, on l'enveloppe, d'un autre tube de cuivre, qui laisse la partie supérieure à nu, ce qui permet d'apercevoir la position de la bulle. Le tube en cuivre est lui-même monté sur une plaque ou règle de ce métal, quand il est destiné à reconnaître l'horizontalité d'une ligne, ou d'une surface, comme une table, dont l'étendue est très-limitée. Mais lorsqu'il est destiné au nivellement d'un terrain, il est monté sur une espèce d'alidade, ou sur une lunette comme celles du graphomètre; et l'instrument est aussi supporté par un pied comme le niveau d'eau.

36. *Déterminer la différence de niveau entre deux points* A *et* B.

1° Quand il s'agit de deux points dont la distance horizontale est de quelques mètres seulement (F. 16), on peut se servir d'une règle, accompagnée d'un niveau de maçon. Pour cela on part du point A le plus élevé, par exemple; on y place horizontalement la règle, Aa, en supportant l'extrémité, a, avec un piquet aA$'$, vertical autant que possible; on mesure la hauteur depuis a jusqu'au terrain en A$'$; à ce point on place de nouveau la règle dans une position horizontale A$'a'$, et on mesure de même la hauteur a'A$''$, et ainsi de suite, jusqu'en B. En ajoutant les différentes hauteurs trouvées, on aura la pente totale de A à B.

2° Quand les points A et B sont à une centaine de mètres de distance, il est plus commode de se servir du niveau d'eau ou mieux encore du niveau à bulle d'air, qui s'emploient aussi avec avantage pour de plus faibles comme pour de plus fortes distances. L'instrument est alors accompagné d'une *mire* (F. 15); c'est-à-dire, d'une règle, AB, de deux à quatre mètres, divisée en centimètres, sur laquelle glisse une plaque, VV$'$ appelée *voyant*. La surface de cette plaque est divisée en quatre rectangles égaux, dont deux opposés sont peints en noir ou en rouge, et les deux autres en blanc; le point m, sommet commun à ces quatre rectangles est le *point de mire*. Un point correspondant à ce point de mire indique sur la règle, par derrière, à quelle hauteur il se trouve.

S'il s'agit de déterminer la différence de niveau des points A et B (F. 17), on se place avec le niveau en un point C, à peu près à la même distance de A que de B, sans qu'il soit nécessaire que ces trois points soient en ligne droite; on fait porter la mire en A, par un aide, qui a soin de tenir la règle verticalement et de tourner le voyant vers C; puis, le niveau étant tourné vers A, on place son œil dans la direction, HH$'$, de la ligne de niveau, et on fait signe à l'aide, ou *porte-mire*, de monter ou descendre le voyant jusqu'à ce que le point de mire *m* soit sur la direction HH'.

Le porte-mire, lit alors sur la règle la hauteur MA, qu'on inscrit immédiatement. Ensuite on fait transporter la mire au point B, et sans déranger le niveau, autrement que pour le diriger vers B, on détermine de même la hauteur M'B. La différence entre les deux hauteurs, MA, M'B, donne la différence de niveau des deux points A et B, en faisant bien attention que le plus haut est celui auquel répond le plus faible nombre, indiqué par le mire, puisque ces nombres indiquent de combien les points A et B sont au-dessous de la ligne de niveau HH'. Ainsi par exemple, si la mire placée en A marque $0^{m.},72^{c.}$, et qu'en B elle marque $1^{m.},35^{c.}$, le point A sera plus élevé que le point B de $1^{m.}35—0^{m.}72$ ou de $0^{m.}63^{c.}$. Telle est la cote de hauteur de A par rapport à B.

On pourrait aussi déterminer cette cote par un seul *coup de niveau*, en plaçant le niveau en A ; il faudrait alors, de la hauteur de la mire, placée en B, retrancher la hauteur du niveau placé en A. Mais ce moyen est généralement moins commode et moins exact que le précédent, qui exige *deux coups de niveau.*

37. Nivellement composé. Un nivellement composé est celui qui exige plusieurs *stations ;* il s'emploie, 1° quand il s'agit de déterminer les différences de niveau de plusieurs points ou *repères* A, B, C, D... K (F. 18) ; 2° lorsqu'il s'agit de deux points, A, K, séparés par des obstacles, ou trop éloignés ; ou quand leur différence de niveau est trop considérable ; dans ce dernier cas on prend comme points auxiliaires, les repères B, C, D, E, F, G, qu'on choisit dans la position la plus favorable, éloignés les uns des autres de deux ou trois cents mètres, quand rien ne s'y oppose, et autant

que possible en ligne droite, sans que cette condition soit nécessaire.

En se plaçant entre A et B, on détermine par une 1re station, la différence de niveau de ces deux points, comme il a été expliqué dans le n° précédent; une seconde station, entre B et C, détermine la différence de niveau de ces deux points, et ainsi de suite jusqu'à K.

Dans la première station, le coup de niveau donné sur A, se nomme *coup d'avant*, celui sur B se nomme *coup d'arrière* (ces mots désignent aussi les nombres de mètres indiqués par les mires, à chaque coup); dans la seconde station le coup de niveau sur B devient 2e *coup d'avant*, et celui sur C est le 2e *coup d'arrière*, et ainsi de suite.

Quand le coup d'avant est plus faible que le coup d'arrière, le 2e point est plus bas que le précédent, de la différence des deux hauteurs de mire, comme cela a lieu pour A et B. Quand le coup d'avant est plus fort que le coup d'arrière, le second point s'élève au-dessus du précédent de la différence des coups; c'est ce qui arrive pour C et D. Quand plusieurs points successifs, A, B, C, descendent continuellement, la pente du premier au dernier est la somme des différences entre les coups d'arrière et les coups d'avant; ou, ce qui est la même chose, elle est égale à la somme des coups d'arrière diminuée de la somme des coups d'avant. Car si on désigne par a et b les deux coups d'avant, et par b' et c' les deux coups d'arrière, la pente de A à B est $a-b'$, celle de B à C est $b-c'$; donc la pente de A à C est $(b'-a)+(c'-b)$, ou $(b'+c')-(a+b)$.

Quand au contraire plusieurs points successifs, C, D, E, F montent continuellement, la quantité dont on monte du premier point jusqu'au dernier est égale à la somme des coups d'avant diminuée de la somme des coups d'arrière. Ainsi, en désignant par c, d, e, les coups d'avant, et par d', e', f' les coups d'arrière, la montée de C à F, ou la cote de hauteur de F par rapport à C sera $(c+d+e)-(d'+e'+f')$. Connaissant ainsi la cote de hauteur de A par rapport à C, ainsi que la cote de hauteur de F par rapport au même point C, on verra quel est le plus haut de A ou de F ; et si c'est le dernier on retranchera la cote de A, de celle de F, pour avoir la cote de hauteur de F par rapport à A. Ici donc elle sera $(c+d+e)-(d'+e'+f')$ diminué de $(b'+c')-(a+b)$; ce qui donne d'après la soustraction algébrique $(a+b+c+d+e)-(b'+c'+d'+e'+f')$, ou la somme des coups d'avant diminuée de la somme des coups d'arrière.

On étendrait facilement aux deux points extrêmes, A et K, la même règle qu'on peut énoncer ainsi :

Pour avoir la différence de niveau des deux points extrêmes d'une opération composée, on fait la somme des coups d'avant, et la somme des coups d'arrière, et on prend la différence de ces deux sommes. Si c'est la première somme qui l'emporte, le dernier point sera plus élevé que le premier, de cette différence ; si la seconde somme est la plus grande, le premier point sera le plus élevé.

Pour mettre dans ces diverses opérations plus d'ordre et de régularité, on les dispose dans un tableau comme le suivant.

Repères.	Coups de niveau		Différences		Cote de hauteur.
	d'avant.	d'arrière.	en montant.	en descend.	
A	mè. 0,320				mè. 24,000
				mè. 2,110	
B	0,652	mè. 2,430			21,890
				0,269	
C	1,835	0,921			21,621
			mè. 1,711		
D	1,750	0,124			23,332
			0,699		
E	1,417	1,031			24,031
			1,372		
F	1,974	0,045			25,403
			0,231		
G	0,350	1,745			25,634
				1,142	
H	0,578	1,492			24,492
				0,742	
K		1,320			23,750
	8,856	9,106	4,013	4,263	

mè. 0,25 différence en descendant, de A à K.

La somme des coups d'avant est 8mè 856 ; la somme des coups d'arrière, est 9mè.106 ; la différence 0mè 25 de ces deux sommes représente la hauteur du point A au-dessus du point K.

Les différences, contenues dans la 4e et la 5e colonne, sont celles qui existent entre le coup d'avant donné sur un repère, et le coup d'arrière donné sur le repère suivant. Cette différence s'écrit dans la quatrième ou dans la cinquième colonne, suivant que le point vers lequel on marche est plus haut ou plus bas que le précédent. La dernière colonne donne les cotes de hauteur des différents repères par rapport à un point convenu; par exemple, le niveau de la mer. Celle du premier repère, que nous avons supposée $24^{mè}$, est connue d'avance; les autres s'en déduisent en ajoutant ou en retranchant successivement les différences de la colonne précédente; on ajoute les *différences en montant*, et on retranche les *différences en descendant*.

Avec cette colonne il est facile de comparer entre eux deux de ces points; ainsi on trouve de combien le point A est au-dessus du point K, en retranchant la cote du dernier 23,750 de celle du premier 24. Ce qui donne encore $0^{mè}.25$; et la même comparaison peut se faire entre deux points quelconques.

38. *Déterminer la différence entre le niveau vrai et le niveau apparent, pour une distance connue.*

Jusqu'à présent nous avons supposé que la ligne de niveau apparent AC (F. 19) se confondait avec la ligne AB de niveau vrai, depuis la station, A, jusqu'au point B; nous allons chercher dans quelle circonstance, et jusqu'à quel point, cette supposition peut entraîner des erreurs dans le nivellement. Nous admettrons pour cela que la terre est sphérique et que son rayon est 6366 kilomètres environ. Cela étant, menons en un point A du globe, une horizontale AC, qui sera tangente en A, et par le point C menons la verticale BC, qui représente l'élévation du niveau apparent de A au-dessus de son niveau vrai, à la distance AB. Pour évaluer cette différence, prolongeons BC jusqu'en D; cette ligne CBOD passera par le centre de la terre, et on aura d'après un théorème connu de géométrie [G. 198], la proportion CD : AC : : AC : BC, de laquelle on peut tirer la valeur de BC, quand on connait la distance AB; car BD, qui est environ le double du rayon terrestre, est suffisamment connu et vaut 12732 kilomètres.

Ainsi, de la proportion précédente on peut conclure que : *l'élévation du niveau apparent d'un point au-dessus de son niveau vrai, à une certaine distance*, est *sensiblement égal au quarré de cette distance, divisé par le diamètre terrestre.*

Au moyen de cette formule on peut former le tableau suivant.

Tableau donnant l'élévation du niveau apparent sur le niveau vrai.

Distances.	Diff. des niv.	Distances.	Diff. des niv.
mè.	mè.	mè.	mè.
100	0,0008	1100	0,0950
200	0,0031	1200	0,1131
300	0,0071	1300	0,1327
400	0,0126	1400	0,1539
500	0,0196	1500	0,1767
600	0,0283	1600	0,2011
700	0,0385	1700	0,2270
800	0,0503	1800	0,2545
900	0,0636	1900	0,2835
1000	0,0785	2000	0,3142

On voit par ce tableau que jusqu'à deux ou trois cents mètres la différence des deux niveaux est peu sensible. D'un autre côté, quand deux points C,C', sont à la même distance de la station, A, où on plante le niveau, et se trouvent sur la ligne de niveau apparent du point A, ils sont réellement de niveau l'un par rapport à l'autre, puisqu'ils sont également élevés au-dessus du niveau vrai ; et si ces points, C,C', étant éloignés d'environ 500$^{\text{mè.}}$ étaient distants de la station, l'un de 300$^{\text{mè.}}$ l'autre de 200$^{\text{mè.}}$, il n'y aurait qu'une différence de 0$^{mè.}$,004 environ, entre leurs niveaux. S'ils étaient éloignés de 300$^{mè.}$, et que l'un fût distant de la station de 100 mètres, l'autre de 200$^{mè.}$, il n'y aurait que 0$^{mè.}$,0022 de différence entre leurs vrais niveaux. En général l'erreur produite sur la différence de hauteur des deux points, par une même station, est égale seulement à la différence des erreurs qui auraient lieu pour chacun d'eux, si on les comparait au niveau de la station.

Du reste pour corriger l'erreur, il suffit de diminuer la hauteur indiquée par la mire, à chaque coup de niveau, de la quantité indiquée par la table précédente pour la distance qui sépare cette mire de la station. Il n'est pas nécessaire de connaître cette distance avec une grande approximation et il suffit de la mesurer à la marche. Si cependant on ne la connaissait pas avec une approximation suffisante, il faudrait avoir recours à un autre moyen.

39. *Déterminer la différence de niveau de deux points éloignés dont la distance n'est pas connue.*

1° On évite l'erreur provenant de la différence entre le niveau vrai et le niveau apparent, par *un nivellement composé*, fait de manière que la distance entre chaque station et chaque repère, soit assez petite pour que chaque erreur devienne négligeable; la somme des erreurs sera nécessairement moindre que l'erreur totale qu'on commettrait en n'employant qu'une seule station; pour le comprendre, il faut remarquer que la différence entre le niveau vrai et le niveau apparent varie comme le quarré de la distance; ainsi en rendant chaque distance cinq fois plus petite, par exemple, chaque erreur partielle devient 25 fois plus faible; et comme il n'y en a que cinq, l'erreur totale est toujours 5 fois plus faible. Il faut remarquer en outre, que dans un nivellement composé, exécuté comme nous l'avons dit dans le n° 37, l'erreur totale est la différence entre la somme des erreurs produites sur les *coups d'avant*, et la somme des erreurs produites sur les coups d'arrière ; or plus le nombre des stations sera grand, plus il y aura de chances pour que ces deux sommes d'erreurs se compensent.

2° On peut dans certains cas éviter les stations intermédiaires en se servant du procédé appelé *nivellement réciproque*.

Soient A et B deux points de niveau (F. 20). Si du point A on donne un coup de niveau sur le point B, on trouvera celui-ci au-dessous du niveau apparent AC, d'une quantité CB, que nous appellerons y. En donnant du point B un coup de niveau sur A, on trouvera que ce point est au-dessous du niveau apparent BD, d'une quantité AD, qui devra être égale à CB, ou y. Réciproquement quand ces deux opérations inverses donnent le même résultat, on peut conclure que les points sont de niveau.

Remarquons aussi que si le point A (F. 19 et 20) s'élève en a, et qu'on mène ac parallèlement à l'horizontale AC, le niveau apparent de a, évalué au point B, deviendra c, et sera élevé de la quantité Cc, sensiblement égale à Aa. Car les deux verticales Aa, BC, peuvent être considérées comme parallèles à des distances de quelques kilomètres (*). Ainsi une mire

(*) Pour apprécier la différence entre Cc et Aa, remarquons que la proportion Cc:Aa :: CO:AO, donne Cc—Aa : Aa :: CO—AO:AO, ou : : CB : AO. Or, à 9 kilomètres de distance, CB n'est que le millionième du rayon AO ; donc aussi Cc—Aa n'est alors que le millionième de Aa. A des distances plus faibles, la différence Cc—Aa est encore moindre ; donc elle est insensible.

placée en B, sur la direction d'un niveau placé en a, marquera une hauteur égale à $BC+Aa$.

Soient maintenant deux points a et B (F. 20), dont les hauteurs sont différentes, et auxquels on applique la double opération précédente, soit A le point où la verticale aA, rencontre la ligne de niveau, BA; Aa sera la différence de niveau, ou la pente de A en B, qu'il s'agit de déterminer et que nous appellerons x. Appelons h la hauteur du niveau, N, dont on fait usage au point a, et H la hauteur, Ma, de la mire, placée à ce point, répondant au coup de niveau donné en B; appelons h' la hauteur du niveau, N', employé en B et H' la hauteur, M'B, de la mire placée à ce point, et répondant au coup de niveau donné en A. Désignons toujours par y l'élévation du niveau apparent sur le niveau vrai, qui est BC, ou AD, pour la distance AB.

La hauteur M'B, ou H' est égale à $BC+Cc+cM'$, ou $BC+Aa+aN$, donc $H'=y+x+h$.

Par la même raison, $M'A=AD+DM$, ou $AD+BN'$, ou $y+h'$; or $M'a$, ou $H=M'A-x$; donc $H=y+h'-x$.

On a donc entre x et y les deux équations,

$$H'=y+x+h, \qquad H=y+h'-x;$$

Si on retranche la dernière de la première, on élimine y et il vient $H'-H=2x+h-h'$; d'où $2x=H'+h'-H-h$, et $x=\frac{1}{2}(H'+h'-H-h)$.

C'est-à-dire que *pour avoir la pente de* a *en* B, *on donne un coup de niveau en* a *sur le point* B, *et un coup de niveau en* B *sur le point* a; *on ajoute la hauteur de la mire avec la hauteur du niveau, employés en chaque point, ce qui donne deux sommes; la demi-différence de ces deux sommes représente la pente cherchée, le point le plus haut étant celui qui donne la plus petite somme.*

On peut appliquer ce procédé à deux points éloignés de quelques kilomètres, en faisant usage d'un niveau à lunettes, pourvu que les hauteurs des deux points *a* et B ne diffèrent que de trois ou quatre mètres, au plus; autrement il pourrait arriver que la ligne du niveau, placé au point le plus bas, B, passât au-dessous du point *a*, et ne rencontrât pas la mire. Pour éviter cet inconvénient il faudrait élever suffisamment le niveau placé en B, en le plaçant sur un tertre dont on tiendrait ensuite compte.

40. *Trouver avec le graphomètre la différence de niveau de deux points.*

Quand la différence de hauteur entre deux points A et B (F. 21) est très-grande et que ces points sont cependant peu éloignés l'un de l'autre, (comme sont, par exemple, le sommet et le pied d'une colline, ou d'une montagne), l'emploi du graphomètre devient nécessaire, ou du moins plus commode que l'usage du niveau seul. On conçoit alors un triangle rectangle ACB, ayant pour hypoténuse la distance AB, et pour côtés la verticale AC, et l'horizontale BC. Dans ce triangle on peut connaître l'hypoténuse en mesurant la distance AB, par le procédé du n° 39 de la trigonométrie. On mesure directement l'angle ABC, en plaçant en B, un graphomètre dont le limbe est placé dans le plan vertical mené suivant AB, et dont l'alidade fixe est dirigée horizontalement au moyen d'un niveau; l'alidade mobile étant dirigée suivant AB détermine l'angle ABC. Connaissant cet angle et l'hypoténuse, on calcule le côté AC (trig. 22), et sa valeur exprime la hauteur cherchée.

41. Quand on fait un nivellement devant servir à un projet de route, de canal, ou de chemin de fer, on commence par tracer une ligne, composée de plu-

sieurs lignes droites, et dont la voie projetée ne devra s'écarter que de quelques mètres à droite et à gauche. On lève le plan de cette ligne, en mesurant les longueurs des différentes lignes droites dont elle se compose, et les angles qu'elles forment; on plante, suivant cette ligne, à des distances d'une centaine de mètres, ou de moins si les ondulations du terrain sont rapprochées, des piquets numérotés et dont on détermine les différences de niveau par une opération appelée *nivellement en long;* les résultats de cette opération sont inscrits dans un tableau préparé à l'avance, et semblable à celui du n° 37, sauf qu'il contient en outre une colonne indiquant les angles, à chaque point où il y a changement de direction, et une autre colonne indiquant les distances des piquets. Ce tableau doit servir à tracer le dessin, appelé *profil en long*, sur lequel sont marquées les cotes de hauteur des différents piquets, qui y sont représentés par leurs numéros respectifs. On fait ensuite, à chaque piquet, et perpendiculairement à la direction de la ligne principale, *un nivellement en travers;* ce qui donne lieu à autant de *profils en travers*, qu'il y a de piquets. Les résultats de cette dernière opération sont encore consignés dans différents petits tableaux, préparés à l'avance, et divisés chacun en deux parties, l'une destinée aux points qui sont à droite, l'autre aux points qui sont à gauche de la ligne principale.

Avec ces tableaux, et avec les plans et profils qu'ils servent à former, il est facile de connaître par de simples proportions, les hauteurs de tous les points du terrain, parce qu'on a soin dans le nivellement en travers comme dans le nivellement en long, de placer les piquets assez rapprochés, pour que, de l'un à l'autre, la pente soit régulière.

42. Dans le cas où le nivellement a simplement pour but de déterminer les accidents d'un terrain dont on a levé le plan, au lieu de les indiquer par différents profils, on se contente d'inscrire en chiffre, sur ce plan, à côté de chaque point, sa cote de hauteur.

FIN DE L'ARPENTAGE.

NANCY, IMPRIMERIE DE VEUVE RAYBOIS.

EXPLICATION DE LA TABLE DE SINUS, QUI SUIT.

Cette table fait connaître les sinus et cosinus naturels de tous les arcs, de 2' en 2', depuis 0° jusqu'à 90°, avec quatre chiffres décimaux, qui représentent des dix-millièmes de rayon. Les deux premières décimales sont écrites seulement en haut de chaque colonne, ou chaque fois qu'elles changent.

L'usage de cette table peut donner lieu à quatre questions.

Ire Question. *Trouver le sinus d'un arc.*

On cherche les degrés en haut des pages, et les minutes, dans la première colonne à gauche ; par exemple :

1° Pour trouver le sinus de 53°28', on cherche 53° en tête d'une colonne, et on descend cette colonne jusqu'à la ligne correspondante à 28' dans la première colonne à gauche ; on trouve ainsi le nombre 35 qui doit être précédé de 80 ; ce qui signifie que *sin* 53° 28'=0,8035.

2° Pour trouver le sinus de 16° 7', on cherche d'abord *sin*16° 6', qui est 0,2773, et on y ajoute la moitié de la différence entre ce sinus et le suivant, ou 0,0005 ; ce qui donne

*sin*16° 7'=0,2776.

3° Quand l'arc surpasse 90°, on cherche le sinus de son supplément [Trig. 10]. Ainsi on trouve,

*sin*132° 24'=*sin*47° 36'=0,7385.

IIe Question. *Trouver le cosinus d'un arc.*

Dans ce cas les degrés se trouvent au bas des pages, et les minutes dans la première colonne à droite.

1° Pour trouver le cosinus de 14° 56', on cherche 14° au bas d'une colonne et on remonte cette colonne jusqu'à la ligne qui contient 56', à droite : on trouve ainsi 9662, et *cos*14° 56'=0,9662.

2° Pour trouver le cosinus de 64° 53', on cherche *cos*64° 52' qui est 0,4247, et on en retranche la moitié de la différence entre ce cosinus et celui de *cos*64° 54' ; cette différence étant 0,0005, dont la moitié est 0,0002, on trouve

cos 64° 53'=0,4245.

3° Pour trouver le cosinus de 132° 24', on cherche le cosinus du supplément 47° 26', qui est 0,6613, et on le prend négativement : ainsi, *cos* 132° 24'=−0,6613.

IIIe Question. *Trouver l'arc qui répond à un sinus donné.*

1° Si le sinus donné se trouve exactement dans l'une des colonnes de la table, le nombre de degrés de l'arc se trouve en tête de cette colonne, et les minutes sont sur la même ligne, à gauche.

Le supplément de l'arc ainsi trouvé, répond encore au sinus donné.

2° Si le sinus est 0,1267, le nombre de la table immédiatement inférieur à ce sinus est 0,1265, qui répond à 7°16'. Le nombre immédiatement supérieur 0,1271 surpassant ce dernier de 0,0006, on voit que si le sinus augmente de 0,0006, l'arc augmente de 2' ; on en conclut que si le sinus augmente de 0,0002, l'arc doit augmenter de $\frac{2}{6}$2' ou de $\frac{2}{3}$'; donc l'arc demandé est 7° 16' $\frac{2}{3}$.

On trouve de même qu'au sinus 0,5346 répond un arc de 32° 19'.

IVe Question. *Trouver l'arc qui répond à un cosinus donné.*

1° Quand le cosinus donné est positif et qu'il se trouve exactement dans la table, on prend le nombre de degrés au bas de la colonne qui le renferme ; et on prend les minutes sur la même ligne, à droite.

2° Quand le cosinus donné tombe entre deux nombres de la table, comme 0,9554, qui tombe entre 0,9553 répondant à 17° 12', et 0,9555 répondant à 17°10', on conclut que l'arc cherché est 17° 11'.

3° Soit un cosinus négatif, —0,5175; on trouve qu'à ce cosinus considéré comme positif répond 58°50'; on en conclut que l'arc cherché est le supplément de celui-ci, ou 121° 10'.

TABLE DES CORDES.

La table des sinus peut suppléer à une table des cordes, et permet de résoudre les questions suivantes.

Ire Question. *Trouver la corde d'un arc donné en degrés et minutes, connaissant le rayon.*

1° Pour trouver la corde de 68° 36′, en supposant le rayon pris pour unité, on cherche le sinus naturel de la moitié de cet arc, ou de 34° 18′; on trouve 0,5635, dont le double 1,127 représente la corde demandée (Trig. 15).

2° Pour trouver la corde du même arc, 68° 36′, en supposant que le rayon est 0mè.12; on multiplie ce rayon par le nombre 1,127 trouvé dans le cas précédent ; car ce nombre est, dans tous les cas, le rapport de la corde au rayon. La corde cherchée est donc alors 0mè.,13524.

Application. Pour tracer, en un point O d'une ligne BC (F. 8), un angle, donné en degrés et minutes, on décrit du point O comme centre un arc CA, avec un rayon déterminé (1 décimètre, par exemple) ; on porte de C en A, une corde égale à celle de l'arc qui mesure l'angle donné, et on a AOC pour l'angle demandé.

Quand l'angle demandé surpasse 90°, il convient, pour plus d'exactitude, de construire d'abord son supplément pour en déduire l'angle lui-même. Aussi pour faire un angle de 153°, on commencera par chercher un angle de 27°, dont on prendra le supplément.

IIe Question. *Connaissant la corde et le rayon d'un arc, trouver la valeur de cet arc, en degrés et minutes.*

1° Pour trouver l'arc dont la corde est 0,5536, le rayon étant l'unité, on prend la moitié de cette corde, et on a 0,2768, qui est le sinus de 16° 4′. L'arc demandé est le double de ce nombre, ou 32° 8′.

2° Pour trouver l'arc dont la corde est 15mè.,38 et le rayon 20mè., on prend le rapport de cette corde au rayon ; ce rapport 0,764 représente la corde du même arc, en supposant que le rayon est pris pour unité. On trouve alors, comme dans le cas précédent, que l'arc correspondant à cette corde est 44° 55′.

SINUS NATURELS.

′	0°	1°	2°	3°	4°	5°	6°	7°	8°	9°	′
0	0000	0175	0349	0523	0698	0872	1045	1219	1392	1564	60
2	06	80	55	29	0703	77	51	24	97	70	58
4	12	86	61	35	09	83	57	30	1403	76	56
6	17	92	66	41	15	89	63	36	09	82	54
8	23	98	72	47	21	95	68	42	15	87	52
10	29	0204	78	52	27	0901	74	48	21	93	50
12	35	09	84	58	32	06	80	53	26	99	48
14	41	15	90	64	38	12	86	59	32	1605	46
16	47	21	96	70	44	18	92	65	38	10	44
18	52	27	0401	76	50	24	97	71	44	16	42
20	58	33	07	81	56	29	1103	76	49	22	40
22	64	39	13	87	61	35	09	82	55	28	38
24	70	44	19	93	67	41	15	88	61	33	36
26	76	50	25	99	73	47	20	94	67	39	34
28	81	56	30	0605	79	53	26	99	72	45	32
30	87	62	36	10	85	58	32	1305	78	50	30
32	93	68	42	16	90	64	38	11	84	56	28
34	99	73	48	22	96	70	44	17	90	62	26
36	0105	79	54	28	0802	76	49	23	95	68	24
38	11	85	59	34	08	82	55	28	1501	73	22
40	16	91	65	40	14	87	61	34	07	79	20
42	22	97	71	45	19	93	67	40	13	85	18
44	28	0302	77	51	25	99	72	46	18	91	16
46	34	08	83	57	31	1005	78	51	24	96	14
48	40	14	88	63	37	11	84	57	30	1702	12
50	45	20	94	69	43	16	90	63	36	08	10
52	51	26	0500	74	48	22	96	69	41	14	8
54	57	32	06	80	54	28	1201	74	47	19	6
56	63	37	12	86	60	34	07	80	53	25	4
58	69	43	18	92	66	39	13	86	59	31	2
60	75	49	23	98	72	45	19	92	64	36	0
′	89°	88°	87°	86°	85°	84°	83°	82°	81°	80°	′

COSINUS.

SINUS NATURELS.

'	10°	11°	12°	13°	14°	15°	16°	17°	18°	19°	'
0	1736	1908	2079	2250	2419	2588	2756	2924	3090	3256	60
2	42	14	85	55	25	94	62	29	96	61	58
4	48	20	90	61	31	99	68	35	3101	67	56
6	54	25	96	67	36	2605	73	40	07	72	54
8	59	31	2102	72	42	11	79	46	12	78	52
10	65	37	08	78	47	16	84	52	18	83	50
12	71	42	13	84	53	22	90	57	23	89	48
14	77	48	19	89	59	28	95	63	29	94	46
16	82	54	25	95	64	33	2801	68	34	3300	44
18	88	59	30	2300	70	39	07	74	40	05	42
20	94	65	36	06	76	44	12	79	45	11	40
22	99	71	42	12	81	50	18	85	51	16	38
24	1805	77	47	17	87	56	23	90	56	22	36
26	11	82	53	23	93	61	29	96	62	27	34
28	17	88	59	29	98	67	35	3002	68	33	32
30	22	94	64	34	2504	72	40	07	73	38	30
32	28	99	70	40	09	78	46	13	79	44	28
34	34	2005	76	46	15	84	51	18	84	49	26
36	40	11	81	51	21	89	57	24	90	55	24
38	45	16	87	57	26	95	62	29	95	60	22
40	51	22	93	63	32	2700	68	35	3201	65	20
42	57	28	98	68	38	06	74	40	06	71	18
44	62	34	2204	74	43	12	79	46	12	76	16
46	68	39	10	80	49	17	85	51	17	82	14
48	74	45	15	85	54	23	90	57	23	87	12
50	80	51	21	91	60	28	96	62	28	93	10
52	85	56	27	97	66	34	2901	68	34	98	8
54	91	62	33	2402	71	40	07	74	39	3404	6
56	97	68	38	08	77	45	13	79	45	09	4
58	1902	73	44	14	83	51	18	85	50	15	2
60	08	79	50	19	88	56	24	90	56	20	0
'	79°	78°	77°	76°	75°	74°	73°	72°	71°	70°	'

COSINUS.

SINUS NATURELS.

′	20°	21°	22°	23°	24°	25°	26°	27°	28°	29°	′
0	3420	3584	3746	3907	4067	4226	4384	4540	4695	4848	60
2	26	89	51	13	73	31	89	45	4700	53	58
4	31	95	57	18	78	37	94	50	05	58	56
6	37	3600	62	23	83	42	99	55	10	63	54
8	42	05	68	29	89	47	4405	61	15	68	52
10	48	11	73	34	94	53	10	66	20	74	50
12	53	16	78	39	99	58	15	71	26	79	48
14	58	22	84	45	4105	63	20	76	31	84	46
16	64	27	89	50	10	68	25	81	36	89	44
18	69	33	95	55	15	74	31	86	41	94	42
20	75	38	3800	61	20	79	36	92	46	99	40
22	80	43	05	66	26	84	41	97	51	4904	38
24	86	49	11	71	31	89	46	4602	56	09	36
26	91	54	16	77	36	95	52	07	61	14	34
28	97	60	21	82	42	4300	57	12	66	19	32
30	3502	65	27	87	47	05	62	17	72	24	30
32	08	70	32	93	52	10	67	23	77	29	28
34	13	76	38	98	58	16	72	28	82	34	26
36	18	81	43	4003	63	21	78	33	87	39	24
38	24	87	48	09	68	26	83	38	92	44	22
40	29	92	54	14	73	31	88	43	97	50	20
42	35	97	59	19	79	37	93	48	4802	55	18
44	40	3703	64	25	84	42	98	54	07	60	16
46	46	08	70	30	89	47	4504	59	12	65	14
48	51	14	75	35	95	52	09	64	18	70	12
50	57	19	81	41	4200	58	14	69	23	75	10
52	62	24	86	46	05	63	19	74	28	80	8
54	67	30	91	51	10	68	24	79	33	85	6
56	73	35	97	57	16	73	30	84	38	90	4
58	78	41	3902	62	21	78	35	90	43	95	2
60	84	46	07	67	26	84	40	95	48	5000	0
′	69°	68°	67°	66°	65°	64°	63°	62°	61°	60°	′

COSINUS.

SINUS NATURELS.

'	30°	31°	32°	33°	34°	35°	36°	37°	38°	39°	'
0	5000	5150	5299	5446	5592	5736	5878	6018	6157	6293	60
2	05	55	5304	51	97	41	83	23	61	98	58
4	10	60	09	56	5602	45	87	27	66	6302	56
6	15	65	14	61	06	50	92	32	70	07	54
8	20	70	19	66	11	55	97	37	75	11	52
10	25	75	24	71	16	60	5901	41	80	16	50
12	30	80	29	76	21	64	06	46	84	20	48
14	35	85	34	80	26	69	11	51	89	25	46
16	40	90	39	85	30	74	15	55	93	29	44
18	45	95	44	90	35	79	20	60	98	34	42
20	50	5200	48	95	40	83	25	65	6202	38	40
22	55	05	53	5500	45	88	30	69	07	43	38
24	60	10	58	05	50	93	34	74	11	47	36
26	65	15	63	10	54	98	39	78	16	52	34
28	70	20	68	15	59	5802	44	83	21	56	32
30	75	25	73	19	64	07	48	88	25	61	30
32	80	30	78	24	69	12	53	92	30	65	28
34	85	35	83	29	74	16	58	97	34	70	26
36	90	40	88	34	78	21	62	6101	39	74	24
38	95	45	93	39	83	26	67	06	43	79	22
40	5100	50	98	44	88	31	72	11	48	83	20
42	05	55	5402	48	93	35	76	15	52	88	18
44	10	60	07	53	98	40	81	20	57	92	16
46	15	65	12	58	5702	45	86	24	62	97	14
48	20	70	17	63	07	50	90	29	66	6401	12
50	25	75	22	68	12	54	95	34	71	06	10
52	30	79	27	73	17	59	6000	38	75	10	8
54	35	84	32	77	21	64	04	43	80	14	6
56	40	89	37	82	26	68	09	47	84	19	4
58	45	94	42	87	31	73	14	52	89	23	2
60	50	99	46	92	36	78	18	57	93	28	0
'	59°	58°	57°	56°	55°	54°	53°	52°	51°	50°	'

COSINUS.

SINUS NATURELS.

′	40°	41°	42°	43°	44°	45°	46°	47°	48°	49°	′
0	6428	6561	6691	6820	6947	7071	7193	7314	7431	7547	60
2	32	65	96	24	51	75	97	18	35	51	58
4	37	69	6700	28	55	79	7201	21	39	55	56
6	41	74	04	33	59	83	06	25	43	59	54
8	46	78	09	37	63	88	10	29	47	62	52
10	50	83	13	41	67	92	14	33	51	66	50
12	55	87	17	45	72	96	18	37	55	70	48
14	59	91	22	50	76	7100	22	41	59	74	46
16	63	96	26	54	80	04	26	45	63	78	44
18	68	6600	30	58	84	08	30	49	66	81	42
20	72	04	34	62	88	12	34	53	70	85	40
22	77	09	39	67	92	16	38	57	74	89	38
24	81	13	43	71	97	20	42	61	78	93	36
26	86	17	47	75	7001	24	46	65	82	96	34
28	90	22	52	79	05	28	50	69	86	7600	32
30	94	26	56	84	09	33	54	73	90	04	30
32	99	31	60	88	13	37	58	77	93	08	28
34	6503	35	64	92	17	41	62	81	97	12	26
36	08	39	69	96	22	45	66	85	7501	15	24
38	12	44	73	6900	26	49	70	88	05	19	22
40	17	48	77	05	30	53	74	92	09	23	20
42	21	52	82	09	34	57	78	96	13	27	18
44	25	57	86	13	38	61	82	7400	16	30	16
46	30	61	90	17	42	65	86	04	20	34	14
48	34	65	94	21	46	69	90	08	24	38	12
50	39	70	99	26	50	73	94	12	28	42	10
52	43	74	6803	30	55	77	98	16	32	46	8
54	47	78	07	34	59	81	7302	20	36	49	6
56	52	83	11	38	63	85	06	24	39	53	4
58	56	87	16	42	67	89	10	28	43	57	2
60	61	91	20	47	71	93	14	31	47	60	0
′	49°	48°	47°	46°	45°	44°	43°	42°	41°	40°	′

COSINUS.

SINUS NATURELS.

'	50°	51°	52°	53°	54°	55°	56°	57°	58°	59°	'
0	7660	7771	7880	7986	8090	8192	8290	8387	8480	8572	60
2	64	75	84	90	94	95	94	90	84	75	58
4	68	79	87	93	97	98	97	93	87	78	56
6	72	82	91	97	8100	8202	8300	96	90	81	54
8	75	86	94	8000	04	05	03	99	93	84	52
10	79	90	98	04	07	08	07	8403	96	87	50
12	83	93	7902	07	11	11	10	06	99	90	48
14	87	97	05	11	14	15	13	09	8502	93	46
16	90	7801	09	14	17	18	16	12	05	96	44
18	94	04	12	18	21	21	20	15	08	99	42
20	98	08	16	21	24	25	23	18	11	8601	40
22	7701	12	19	25	28	28	26	21	14	04	38
24	05	15	23	28	31	31	29	25	17	07	36
26	09	19	26	32	34	34	32	28	20	10	34
28	13	22	30	35	38	38	36	31	23	13	32
30	16	26	34	39	41	41	39	34	26	16	30
32	20	30	37	42	45	45	42	37	29	19	28
34	24	33	41	45	48	48	45	40	32	22	26
36	27	37	44	49	51	51	48	43	36	25	24
38	31	41	48	52	55	54	52	46	39	28	22
40	35	44	51	56	58	58	55	50	42	31	20
42	38	48	55	59	61	61	58	53	45	34	18
44	42	51	58	63	65	64	61	56	48	37	16
46	46	55	62	66	68	68	64	59	51	40	14
48	49	59	65	70	71	71	68	62	54	43	12
50	53	62	69	73	75	74	71	65	57	46	10
52	57	66	72	76	78	77	74	68	60	49	8
54	60	69	76	80	81	81	77	71	63	52	6
56	64	73	79	83	85	84	80	74	66	54	4
58	68	77	83	87	88	87	84	77	69	57	2
60	71	80	86	90	92	90	87	80	72	60	0
'	39°	38°	37°	36°	35°	34°	33°	32°	31°	30°	'

COSINUS.

SINUS NATURELS.

'	60°	61°	62°	63°	64°	65°	66°	67°	68°	69°	'
0	8660	8746	8829	8910	8988	9063	9135	9205	9272	9336	60
2	63	49	32	13	90	66	38	07	74	38	58
4	66	52	35	15	93	68	40	10	76	40	56
6	69	55	38	18	96	70	43	12	78	42	54
8	72	57	40	21	98	73	45	14	81	44	52
10	75	60	43	23	9001	75	47	16	83	46	50
12	78	63	46	26	03	78	50	19	85	48	48
14	81	66	49	28	06	80	52	21	87	50	46
16	83	69	51	31	08	83	54	23	89	52	44
18	86	71	54	34	11	85	57	25	91	54	42
20	89	74	57	36	13	88	59	28	93	56	40
22	92	77	59	39	16	90	61	30	96	59	38
24	95	80	62	42	18	92	64	32	98	61	36
26	98	83	65	44	21	95	66	34	9300	63	34
28	8701	85	67	47	23	97	68	37	02	65	32
30	04	88	70	49	26	9100	71	39	04	67	30
32	06	91	73	52	28	02	73	41	06	69	28
34	09	94	75	55	31	04	75	43	08	71	26
36	12	96	78	57	33	07	78	45	11	73	24
38	15	99	81	60	36	09	80	48	13	75	22
40	18	8802	84	62	38	12	82	50	15	77	20
42	21	05	86	65	41	14	84	42	17	79	18
44	24	08	89	67	43	16	87	54	19	81	16
46	26	10	92	70	46	19	89	57	21	83	14
48	29	13	94	73	48	21	91	59	23	85	12
50	32	16	97	75	51	24	94	61	25	87	10
52	35	19	99	78	53	26	96	63	27	89	8
54	38	21	8902	80	56	28	98	65	30	91	6
56	41	24	05	83	58	31	9200	67	32	93	4
58	43	27	07	85	61	33	03	70	34	95	2
60	46	29	10	88	63	35	05	72	36	97	0
'	29°	28°	27°	26°	25°	24°	23°	22°	21°	20°	'

COSINUS.

SINUS NATURELS.

'	70°	71°	72°	73°	74°	75°	76°	77°	78°	79°	'
0	9397	9455	9511	9563	9613	9659	9703	9744	9781	9816	60
2	99	57	12	65	14	61	04	45	83	17	58
4	9401	59	14	66	16	62	06	46	84	18	56
6	03	61	16	68	17	64	07	48	85	20	54
8	05	63	18	70	19	65	09	49	86	21	52
10	07	65	20	72	21	67	10	50	87	22	50
12	09	66	21	73	22	68	11	51	89	23	48
14	11	68	23	75	24	70	13	53	90	24	46
16	13	70	25	77	25	71	14	54	91	25	44
18	15	72	27	78	27	73	15	55	92	26	42
20	17	74	28	80	28	74	17	57	93	27	40
22	19	76	30	82	30	76	18	58	95	28	38
24	21	78	32	83	32	77	20	59	96	29	36
26	23	80	34	85	33	79	21	60	97	30	34
28	24	81	35	87	35	80	22	62	98	31	32
30	26	83	37	88	36	81	24	63	99	33	30
32	28	85	39	90	38	83	25	64	9800	34	28
34	30	87	41	91	39	84	26	65	02	35	26
36	32	89	42	93	41	86	28	67	03	36	24
38	34	91	44	95	42	87	29	68	04	37	22
40	36	92	46	96	44	89	30	69	05	38	20
42	38	94	48	98	46	90	32	70	06	39	18
44	40	96	49	9600	47	92	33	72	07	40	16
46	42	98	51	01	49	93	34	73	08	41	14
48	44	9500	53	03	50	94	36	74	10	42	12
50	46	02	55	05	52	96	37	75	11	43	10
52	48	03	56	06	53	97	38	77	12	44	8
54	49	05	58	08	55	99	40	78	13	45	6
56	51	07	60	09	56	9700	41	79	14	46	4
58	53	09	61	11	58	02	42	80	15	47	2
60	55	11	63	13	59	03	44	81	16	48	0
'	19°	18°	17°	16°	15°	14°	13°	12°	11°	10°	'

COSINUS.

SINUS NATURELS.

′	80°	81°	82°	83°	84°	85°	86°	87°	88°	89°	′
0	9848	9877	9903	9925	9945	9962	9976	9986	9994	9998	60
2	49	78	03	26	46	62	76	87	94	99	58
4	50	79	04	27	46	63	76	87	94	99	56
6	51	80	05	28	47	63	77	87	95	99	54
8	52	80	06	28	48	64	77	87	95	99	52
10	53	81	07	29	48	64	78	88	95	99	50
12	54	82	07	30	49	65	78	88	95	99	48
14	55	83	08	30	49	65	78	88	95	99	46
16	56	84	09	31	50	66	79	89	95	99	44
18	57	85	10	32	51	66	79	89	96	99	42
20	58	86	11	32	51	67	80	89	96	99	40
22	59	87	11	33	52	67	80	89	96	99	38
24	60	88	12	34	52	68	80	90	96	99	36
26	61	88	13	34	53	68	81	90	96	10000	34
28	62	89	14	35	53	69	81	90	96	00	32
30	63	90	14	36	54	69	81	90	97	00	30
32	64	91	15	36	55	70	82	91	97	00	28
34	65	92	16	37	55	70	82	91	97	00	26
36	66	93	17	38	56	71	82	91	97	00	24
38	67	94	17	38	56	71	83	91	97	00	22
40	68	94	18	39	57	71	83	92	97	00	20
42	69	95	19	40	57	72	83	92	97	00	18
44	69	96	20	40	58	72	84	92	98	00	16
46	70	97	20	41	58	73	84	92	98	00	14
48	71	98	21	42	59	73	84	93	98	00	12
50	72	99	22	42	59	74	85	93	98	00	10
52	73	99	23	43	60	74	85	93	98	00	8
54	74	9900	23	43	60	74	85	93	98	00	6
56	75	01	24	44	61	75	86	93	98	00	4
58	76	02	25	45	61	75	86	94	98	00	2
60	77	03	25	45	62	76	86	94	98	00	0
′	9°	8°	7°	6°	5°	4°	3°	2°	1°	0°	′

COSINUS.

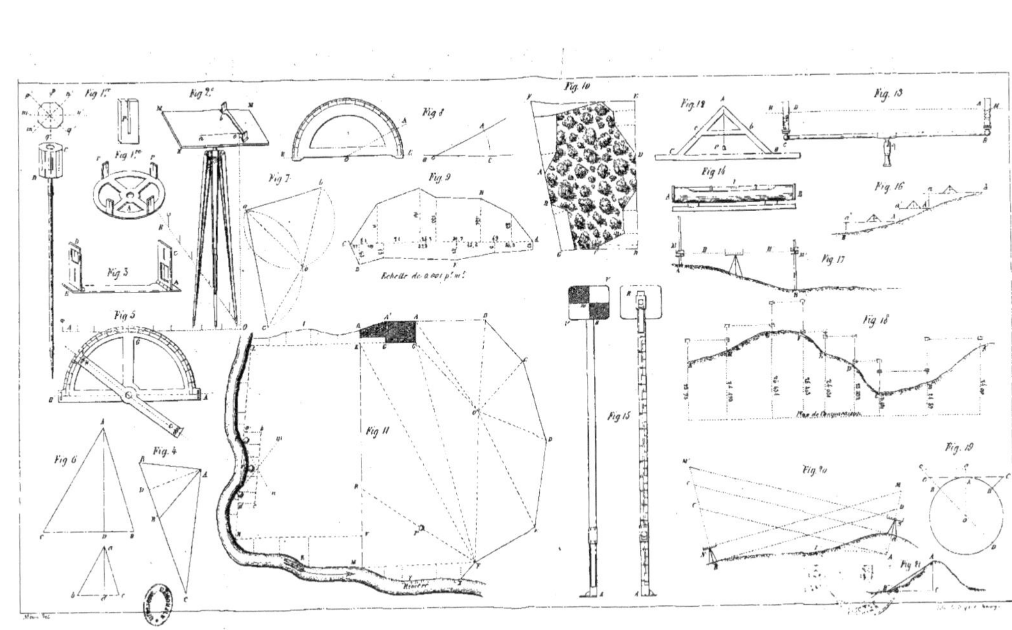
Fig 1re
Fig 2e
Fig 3
Fig 4
Fig 5
Fig 6
Fig 7
Fig 8
Fig 9
Fig 10
Fig 11
Fig 12
Fig 13
Fig 14
Fig 15
Fig 16
Fig 17
Fig 18
Fig 19
Fig 20
Fig 21
Plan de Comparaison
Rivière

OUVRAGES DU MÊME AUTEUR.

GÉOMÉTRIE SIMPLIFIÉE, 4e édition, avec les figures dans le texte, prix 2 fr.

SOUS PRESSE.

COMPLÉMENT DE GÉOMÉTRIE contenant :

LIVRE I. Développements sur différentes théories de la géométrie simplifiée.

LIVRE II. Théories diverses.

LIVRE III. Résolution d'un grand nombre de problèmes de géométrie.

LIVRE IV. Les triangles et les polygones sphériques.

LIVRE V. Principes de géométrie descriptive, prix 3 fr.

www.ingramcontent.com/pod-product-compliance
Ingram Content Group UK Ltd.
Pitfield, Milton Keynes, MK11 3LW, UK
UKHW020332250726
13967UKWH00005B/1990

9 782011 911117